绿色发展通识丛书
GENERAL BOOKS OF GREEN DEVELOPMENT

看不见的绿色革命

〔法〕弗洛朗·奥加尼厄 〔法〕多米尼克·鲁塞 / 著

吴博 / 译

中国文联出版社
http://www.clapnet.cn

图书在版编目（ＣＩＰ）数据

看不见的绿色革命 / (法) 弗洛朗·奥加尼厄
(法) 多米尼克·鲁塞著;
吴博译著. – 北京：中国文联出版社, 2021.6
（绿色发展通识丛书）
ISBN 978-7-5190-4580-7

Ⅰ.①看… Ⅱ.①弗… ②多…③吴… Ⅲ.①生态环境保护
– 研究 Ⅳ.①X171.4

中国版本图书馆CIP数据核字(2021)第099113号

著作权合同登记号：图字01-2020-7662

Originally published in France as :
Révolutions invisibles by Floran Augagneur & Dominique Rousset
© Les liens qui libèrent, 2015
This edition was published by arrangement with L'Autre agence, Paris, France and Divas
International, Paris 巴黎迪法国际版权代理 All rights reserved.

看不见的绿色革命
KAN BUJIAN DE LVSE GEMING

作　者：[法] 弗洛朗·奥加尼厄　　[法] 多米尼克·鲁塞

译　者：吴　博

责任编辑：王小陶　　　　　　　　终审人：姚莲瑞
责任校对：胡世勋　　　　　　　　复审人：周小丽
封面设计：谭　锴　　　　　　　　责任印制：陈　晨

出版发行：中国文联出版社
地　址：北京市朝阳区农展馆南里10号，100125
电　话：010-85923076（咨询）85923092（编务）85923020（邮购）
传　真：010-85923000（总编室），010-85923020（发行部）
网　址：http://www.clapnet.cn　　　　http://www.claplus.cn
E-mail：clap@clapnet.cn　　　　　　wangxt@clapnet.cn

印　刷：中煤（北京）印务有限公司
装　订：中煤（北京）印务有限公司
本书如有破损、缺页、装订错误，请与本社联系调换

开　本：720×1010　　　　　　1/16
字　数：200千字　　　　　　　印　张：24
版　次：2021年6月第1版　　　印　次：2021年6月第1次印刷
书　号：ISBN 978-7-5190-4580-7
定　价：95.00元

"绿色发展通识丛书"总序一

洛朗·法比尤斯

1862 年，维克多·雨果写道："如果自然是天意，那么社会则是人为。"这不仅仅是一句简单的箴言，更是一声有力的号召，警醒所有政治家和公民，面对地球家园和子孙后代，他们能享有的权利，以及必须履行的义务。自然提供物质财富，社会则提供社会、道德和经济财富。前者应由后者来捍卫。

我有幸担任巴黎气候大会（COP21）的主席。大会于 2015 年 12 月落幕，并达成了一项协定，而中国的批准使这项协议变得更加有力。我们应为此祝贺，并心怀希望，因为地球的未来很大程度上受到中国的影响。对环境的关心跨越了各个学科，关乎生活的各个领域，并超越了差异。这是一种价值观，更是一种意识，需要将之唤醒、进行培养并加以维系。

四十年来（或者说第一次石油危机以来），法国出现、形成并发展了自己的环境思想。今天，公民的生态意识越来越强。众多环境组织和优秀作品推动了改变的进程，并促使创新的公共政策得到落实。法国愿成为环保之路的先行者。

2016 年"中法环境月"之际，法国驻华大使馆采取了一系列措施，推动环境类书籍的出版。使馆为年轻译者组织环境主题翻译培训之后，又制作了一本书目手册，收录了法国思想界最具代表性的 33 本书籍，以供译成中文。

中国立即做出了响应。得益于中国文联出版社的积极参与，"绿色发展通识丛书"将在中国出版。丛书汇集了 33 本非虚构类作品，代表了法国对生态和环境的分析和思考。

让我们翻译、阅读并倾听这些记者、科学家、学者、政治家、哲学家和相关专家：因为他们有话要说。正因如此，我要感谢中国文联出版社，使他们的声音得以在中国传播。

中法两国受到同样信念的鼓舞，将为我们的未来尽一切努力。我衷心呼吁，继续深化这一合作，保卫我们共同的家园。

如果你心怀他人，那么这一信念将不可撼动。地球是一份馈赠和宝藏，她从不理应属于我们，她需要我们去珍惜、去与远友近邻分享、去向子孙后代传承。

2017 年 7 月 5 日

（作者为法国著名政治家，现任法国宪法委员会主席、原巴黎气候变化大会主席，曾任法国政府总理、法国国民议会议长、法国社会党第一书记、法国经济财政和工业部部长、法国外交部部长）

"绿色发展通识丛书"总序二

万钢

  习近平总书记在中共十九大上明确提出，建设生态文明是中华民族永续发展的千年大计。必须树立和践行绿水青山就是金山银山的理念坚持节约资源和保护环境的基本国策，像对待生命一样对待生态环境。我们要建设的现代化是人与自然和谐共生的现代化，既要创造更多物质财富和精神财富以满足人民日益增长的美好生活需要，也要提供更多优质生态产品以满足人民日益增长的优美生态环境需要。近年来，我国生态文明建设成效显著，绿色发展理念在神州大地不断深入人心，建设美丽中国已经成为13亿中国人的热切期盼和共同行动。

  创新是引领发展的第一动力，科技创新为生态文明和美丽中国建设提供了重要支撑。多年来，经过科技界和广大科技工作者的不懈努力，我国资源环境领域的科技创新取得了长足进步，以科技手段为解决国家发展面临的瓶颈制约和人民群众关切的实际问题作出了重要贡献。太阳能光伏、风电、新能源汽车等产业的技术和规模位居世界前列，大气、水、土壤污染的治理能力和水平也有了明显提高。生态环保领域科学普及的深度和广度不断拓展，有力推动了全社会加快形成绿色、可持续的生产方式和消费模式。

推动绿色发展是构建人类命运共同体的重要内容。近年来，中国积极引导应对气候变化国际合作，得到了国际社会的广泛认同，成为全球生态文明建设的重要参与者、贡献者和引领者。这套"绿色发展通识丛书"的出版，得益于中法两国相关部门的大力支持和推动。第一辑出版的33种图书，包括法国科学家、政治家、哲学家关于生态环境的思考。后续还将陆续出版由中国的专家学者编写的生态环保、可持续发展等方面图书。特别要出版一批面向中国青少年的绘本类生态环保图书，把绿色发展的理念深深植根于广大青少年的教育之中，让"人与自然和谐共生"成为中华民族思想文化传承的重要内容。

科学技术的发展深刻地改变了人类对自然的认识，即使在科技创新迅猛发展的今天，我们仍然要思考和回答历史上先贤们曾经提出的人与自然关系问题。正在孕育兴起的新一轮科技革命和产业变革将为认识人类自身和探求自然奥秘提供新的手段和工具，如何更好地让人与自然和谐共生，我们将依靠科学技术的力量去寻找更多新的答案。

2017 年 10 月 25 日

（作者为十二届全国政协副主席，致公党中央主席，科学技术部部长，中国科学技术协会主席）

"绿色发展通识丛书"总序三

铁凝

这套由中国文联出版社策划的"绿色发展通识丛书",从法国数十家出版机构引进版权并翻译成中文出版,内容包括记者、科学家、学者、政治家、哲学家和各领域的专家关于生态环境的独到思考。丛书内涵丰富亦有规模,是文联出版人践行社会责任,倡导绿色发展,推介国际环境治理先进经验,提升国人环保意识的一次有益实践。首批出版的33种图书得到了法国驻华大使馆、中国文学艺术基金会和社会各界的支持。诸位译者在共同理念的感召下辛勤工作,使中译本得以顺利面世。

中华民族"天人合一"的传统理念、人与自然和谐相处的当代追求,是我们尊重自然、顺应自然、保护自然的思想基础。在今天,"绿色发展"已经成为中国国家战略的"五大发展理念"之一。中国国家主席习近平关于"绿水青山就是金山银山"等一系列论述,关于人与自然构成"生命共同体"的思想,深刻阐释了建设生态文明是关系人民福祉、关系民族未来、造福子孙后代的大计。"绿色发展通识丛书"既表达了作者们对生态环境的分析和思考,也呼应了"绿水青山就是金山银山"的绿色发展理念。我相信,这一系列图书的出版对呼唤全民生态文明意识,推动绿色发展方式和生活方式具有十分积极的意义。

20 世纪美国自然文学作家亨利·贝斯顿曾说："支撑人类生活的那些诸如尊严、美丽及诗意的古老价值就是出自大自然的灵感。它们产生于自然世界的神秘与美丽。"长期以来，为了让天更蓝、山更绿、水更清、环境更优美，为了自然和人类这互为依存的生命共同体更加健康、更加富有尊严，中国一大批文艺家发挥社会公众人物的影响力、感召力，积极投身生态文明公益事业，以自身行动引领公众善待大自然和珍爱环境的生活方式。藉此"绿色发展通识丛书"出版之际，期待我们的作家、艺术家进一步积极投身多种形式的生态文明公益活动，自觉推动全社会形成绿色发展方式和生活方式，推动"绿色发展"理念成为"地球村"的共同实践，为保护我们共同的家园做出贡献。

中华文化源远流长，世界文明同理连枝，文明因交流而多彩，文明因互鉴而丰富。在"绿色发展通识丛书"出版之际，更希望文联出版人进一步参与中法文化交流和国际文化交流与传播，扩展出版人的视野，围绕破解包括气候变化在内的人类共同难题，把中华文化中具有当代价值和世界意义的思想资源发掘出来，传播出去，为构建人类文明共同体、推进人类文明的发展进步做出应有的贡献。

珍重地球家园，机智而有效地扼制环境危机的脚步，是人类社会的共同事业。如果地球家园真正的美来自一种持续感，一种深层的生态感，一个自然有序的世界，一种整体共生的优雅，就让我们以此共勉。

2017 年 8 月 24 日

（作者为中国文学艺术界联合会主席、中国作家协会主席）

目录

序言

在平静的日子里听得到新世界的呼吸

读者朋友，您手中的这本书会消除您对世界的敌意，抚慰您的心灵，为您照亮未来的方向，令您心中充满希望。同时，这本书也会让您如坐针毡，提醒您保持警惕，关注未来。

当今社会处在社会科学与生态科学的交叉路口，记者多米尼克·鲁塞（Dominique Rousset）和哲学家弗洛朗·奥加尼厄（Floran Augagneur）分析了当今时代背景下的种种转变：仿生学、慢速运动（mouvement slow）①、人口问题、素食主义、生态女性主义（écoféminisme）、宗教、工作、循环经济……包罗万象，通过跨学科的特殊方式对各个领域的主题展开研究与讨论。

在法国文化广播电台的支持下，与"摆脱束缚"（Les Liens qui Libèrent）出版社合作出版成书。这也是尼古拉·于

---

① 译者注：提倡减慢生活节奏、减轻现代社会生活压力、享受简单事物的文化运动。1986 年，意大利记者、社会活动家、美食家卡洛·彼得里尼（Carlo Petrini）反对一家在罗马开张的麦当劳餐厅，标志着慢速运动的开始。

洛基金会丛书中的第一本。本书着重分析生态环境变革中的问题，并对未来做出展望。

本书是现有媒体的有效补充，为正处在转变中的社会绘制未来蓝图，提醒读者人类可能遇到的危险。和人们的固有印象不同，本书展示的是可信、令人向往的未来，绝不是虚无缥缈的乌托邦，只要坚定地协力前行，这样的未来一定能够实现。丰富的文化创意与小部分活跃团体的存在，证实了人类学家玛格丽特·米德（Margaret Mead）的名言："毋庸置疑，有觉悟、意志坚强的一小群人能够改变世界。历史上，各种变革总是以这样的方式出现。"

文章作者毫无忌讳地畅所欲言，对当今世界的种种变化提出了自己的观点。当前无法令人察觉的绿色革命如同蚁巢般交错繁杂，这些文章为读者呈现了绿色革命的最新进展。对于我们每个人来说，这都是一个认清未来、确定方向的难得机会，了解应该放弃什么、坚持什么，借此勾勒出未来社会的轮廓。

请相信，我们都需要这阵助力的清风、创意的冲动，借此推动 2015 年巴黎气候大会上的国际会议商讨结果，帮助各国达成不必牺牲今天就可获得美好未来的协议。

本书邀请大家改变视角、转换思想。过去的思想体系过分依赖集体潜意识（inconscient collectif），我们应该摒弃旧日的思想体系，重点考虑现代人类与自然的关系，以及人类在自然中所处的位置。概念工具存在于此，新的模式出现、崛起，世界上各种创新应用的实例增多。我坚信印度作家、环保活动家阿兰达蒂·罗伊（Arundhati Roy）的格言："另一个世界并非不可能存在，它正在诞生的路上。在安静的日子里，我能听到新世界呼吸的声音。"

尼古拉·于洛

尼古拉·于洛为人与自然基金会会长

引言

"用导致问题的思维方式必然无法解决这个问题。"

——阿尔伯特·爱因斯坦（Albert Einstein）

现代社会中似乎有些东西出了问题。人类历史是现代社会的基础，两者关系密不可分。不断成功、永远进步的誓言承载着人类历史，现代社会希望跨越自然环境。人类正在脱离环境，从环境的束缚中解放自己。

但是现代化的梦想在生物圈极限陨落。人类在二十一世纪初仿佛从沉醉中苏醒：周围的一切似乎都富饶丰足，由于人类的活动，人类生活的土地似乎变得过于狭小、贫瘠、脆弱。

在世界气象组织（Organisation météorologique mondiale）、联合国环境规划署的支持下，政府间气候变化专门委员会（Giec）在1987年宣告成立。自此之后，该组织的研究成果以及其他科研结论显示了一个科学事实：全球气候异常变化，正是人类造成了这种变化。人类活动释放的二氧化碳导致大气变化，但是人类毁坏的自然资源远不止于此。人类释放硫、砷；土地必须养活不断增长的人口，同时人类依然破坏养育自己的土地；人类导致生物种类减少，人类采集金属矿产、能源矿产，结果金属与能源越来越匮乏。人类的活动导致全球出现严重的地理政治失衡，我们谴责片面追求生产率、单纯希望通过科学技术手段解决一切问题的做法，虽然这种做法取得了令人瞩目的成绩，但背后隐藏了太多的危险。有些先进科技处在萌芽状态，有些已经成熟，本书会对这一切进行介绍。人类一方面倚重物质，一方面信任自己的能力，如果这两种逻辑继续保持下去，很多科技成果在将来会得到应用。

但是，由于我们的时代特点似乎就是缺乏思考和目标，由此诞生的新思潮可能会成为新科技成果发展的障碍。二十世纪，理性与科技的成功引起很多质疑。有人指责科技是异化的源头，科技是力量与控制冲动的具体表现〔雅克·艾吕尔（Jacques Ellul）①〕。正在发展的生态思想是对"日渐强大、没有价值的东西"〔科尔内留斯·卡斯托里亚蒂（Cornelius Castoriadis）②〕、"荒谬"〔阿尔伯特·加缪（Albert Camus）③〕

---

① 译者注：雅克·艾吕尔（Jacques Ellul）（1912—1994），法国哲学家、社会学家。

② 译者注：科尔内留斯·卡斯托里亚蒂（Cornelius Castoriadis）（1922—1997），希腊 - 法国哲学家、经济学家、心理分析师。

③ 译者注：阿尔伯特·加缪（Albert Camus）（1913—1960），法国作家、哲学家、"荒诞哲学"代表人物。

与"失去意义"〔伊凡·伊利奇（Ivan Illich）[1]〕这种论点的回应。思想家们用如此多的表达方式定义现代生活。在德国的另外一些思想家同时指责发展惯性引发的危险，提出肩负起"科技文明"〔汉斯·乔纳斯（Hans Jonas）[2]〕责任的新理论，这种理论很大程度影响到了生态思想：它将指导生态学走向谨慎、小心的道路，抹去或者重新定义自然与文化之间的界限、人类与非人类之间的界限。

不论是理论上还是实践层面，即使科技自我封闭，任何地方、任何界限、任何时候都不能把社会与自然分隔开，不能把人类与自然历史分隔开，也不能把生命与物质分隔开。

现在应该建立联系，把人类社会纳入自然环境，发现两者互相依赖的关系。或许现在我们已经身处其中，但是人类有能力意识到这种彼此依存的关系吗？

世界各地似乎都在书写着未来的图景，穿过世界的夹缝，投入土地上的荒原，从权力下放中获益，从万物常理中获得滋养。这幅未来的图景在尝试、革新，使用祖先知识的同时

---

[1] 译者注：伊凡·伊利奇（Ivan Illich）（1926—2002），克罗地亚-奥地利哲学家、思想家。

[2] 编者注：汉斯·乔纳斯（Hans Jonas）（1903—1993），犹太裔德国哲学家。

利用现代通信网络，因为这个未来更需要人们彼此交流、分享信息来源与创造能力。

生命的特点在于运动，在生命科学里这种运动被称作演化，在社会科学里这种运动被称作历史。然而，不能仅仅把人类历史和自然历史归结为过去的时间：这种运动的目标在不断变化，正如读者将在本书中读到的一样，它呈现出多种形式，以创造力而非破坏力的形式，造就了人类集体行为方式。今天，人类在市场层面、在国家层面尝试各种模式，开辟新的道路取代旧有规范。非营利协会、合作社、互助互惠组织、替代投资①、缩短供应链②、公平贸易③……所有这些模式背后的逻辑都认为，生产与贸易的目的绝不应该仅仅满足于追求利润，应该有更高层次的追求。

当今世界的基础是经济增长，一些人的成功往往成为他人的障碍，因为当经济增长风光不再的时候，人们立刻转而

---

① 译者注：也被称作"另类投资""非主流投资"，指的是除了股票、债券、期货等传统交易方式以外的投资方式，比如风险投资、私募股权等。

② 译者注：指的是在生产者与消费者之间尽量减少中间商环节，减少由于中间商产生的差价，把实惠留给生产者和消费者。

③ 译者注：有组织的社会活动，不以追求利润为目标，帮助弱势生产者，倡导公平价格、环境保护、性别平等，保证劳动条件，增强贸易的透明度。

保护自己的利益。处在社会金字塔最高层的人在沉湎怀念旧日辉煌、梦想经济增长回归两者之间摇摆。然而，来自于底层、更加复杂的另类现实浮现出来，它们要求更加注重地区层面的问题，强调完全不同的价值观念。循环、数字、农业生态、功能性，这些词汇是未来社会 - 经济系统的代表。我们的社会正在改变，完全可能抛弃原有的社会公平，打破生物、经济、伦理等各个领域的旧秩序。这不是让空白占据世界，而是产生新的范式。尼采（Nietzsche）已经告诉过我们：现在就是转变。

我们能够看到吗？今天民主问题、未来、未来的几代人、全球气候问题、金融挑战……这一切我们都无法看见。民主社会里如此多的未知令人担忧，从结构上看无法纳入考虑范畴，于是导致当今涌现故步自封的保守主义。社会心理学家、生态思想先驱塞尔日·莫斯科维奇（Serge Moscovici）写过这样的话："我们如同生活在玻璃的世界里，害怕在轻微撞击后世界分崩离析，于是像蜥蜴一样躲在树叶下瑟瑟发抖。我们以为不可能出现更好的世界，我们所在的世界是唯一的选择。"

今天，这个玻璃世界已经出现裂痕。不过，这些裂痕可能是个好消息，有助于我们转变思维方式，摒弃偏见，认识在缝隙中诞生的新世界。不要因为各种陈规忽视了未知因素，而看不见的绿色革命将谱写未来新篇章！

"给太阳降温，让海洋更肥沃！"

地理工程学

为了解决气候变暖的问题，我们可以向太空发射数以十亿计的小反光镜，每一块反光镜直径60厘米、重量不到1克。把这些小反光镜发射到距离地球150万千米的宇宙空间，可以在阳光照射到地球前把一部分阳光折射出去，让这部分阳光无法到达地球。完成这项计划甚至不需要使用月球作为发射基地，直接在地面上发射即可。我们还可以使用气雾剂降低太阳的光亮度，无数的气雾剂可以在大气中释放大量的硫，让地球接收到的太阳光线变得暗淡。而且，人类可以让南半球海洋的海底更加肥沃，使油船在航行过程中释放硫酸铁，促使能够储存碳的海藻大量滋生。

在平流层喷射硫颗粒、减少太阳光、改变海洋化学结构……面对全球二氧化碳过度排放无法控制的问题，避免大范围气候变化，现在要考虑的是如何"修复"气候，这属于地理工程学的领域。人类大范围调整气候是一种有效的办法，对于很多人来说这甚至是唯一的办法。很多企业赞成这种做法，科学家已经做好了准备，世界各地的政府也就此进行考虑。的确，这种解决方法的优势显而易见：可以不必努力减少温室气体排放，而且保证地球上生物的原有生活模式。

使用气雾剂的想法从何而来呢？1991年11月7日，沉睡了六个世纪的菲律宾皮纳图博（Pinatubo）火山爆发，两千万吨的二氧化硫散布到大气平流层，巨大的烟云升到20千米的高度，阻挡了1%～5%的阳光照射到地球上。诺贝尔化学奖获得者气象学专家保罗·克鲁岑（Paul Crutzen）从中得到了灵感：为什么不用小气球把百万吨的硫发射到平流层呢？他仔细计算了所需费用，大约每年在250亿到500亿美元之间。他表示，这种办法的确耗资巨大，但是考虑到带来的环境与社会效益，仍然值得尝试。

回到地面上来，储存二氧化碳，防止二氧化碳气体进入大气，这是个巨大的挑战。简单的解决方法就是植树。但是在哪种土地上种植树木，当树木停止生长后怎样处理这些木材呢？于是人们考虑制造"人工树木"，更准确地说是吸碳面板，这种人工树木的叶子可以吸收二氧化碳。或者建设高 120 米、直径 120 米的巨塔，凭借巨塔向空气中发射可以捕捉二氧化碳的氢氧化钠溶剂。

综上所述，可见各种创意层出不穷，尽管很多想法由来已久，但是当下距离这些想法的实现越来越近。在二十世纪九十年代属于科幻题材的创意，现在已经为科学做出了贡献。地理工程学在全球气候变化问题上赢得了自己的一席之地，但同时可能带来怎样的风险呢？

正如所有未来科学领域，地理工程学涉及的领域即使不是无穷无尽，也可以说广阔异常。自从二十世纪九十年代初开始，相关的项目层出不穷，目的只有一个：给大气降温。为了达成这个目的可以通过两种途径：第一种办法是吸收人类释放进入大气的二氧化碳并把它储存在其他地方。这样会减轻温室效应，让气候冷却下来。第二种办法是限制到达地面的阳光，达到减少热量的目的。目前科学家和投资者似乎把主要的精力都用在捕捉二氧化碳的这个方法上，对海洋尤为关注。因为在海底生长着浮游生物，它们能够产生大量氧气。于是科学家想办法促使更多的浮游生物出现，比如 2009 年在南冰洋（Océan Austral）海域"播撒"含铁元素：4 吨的铁粉释放进 300 平方千米的海域，希望让海底土地更加肥沃。结果立竿见影，几天后出现了大量浮游生物，可是这种增长在几天之后戛然而止。这次试验的结果并不能令人满意，后来也进行了包括私人投资在内的其他试验。这种"播撒"含铁元素的做法引起了争议，有人认为可能导致海水酸化，还可能影响海洋食物链的平衡。

把 55000 块可调节方向的镜子铺设在轨道之上，截住太阳光线。

把道路涂成白色！

限制太阳光线可以使用一种基本的方法，就是把地球涂成白色。原理非常简单：物体颜色越浅越容易把太阳光反射回太空，相反，深颜色的物体会更多地吸收光线。那好，把所有的道路、建筑物、各种设施涂成白色，如果有必要的话把沙漠用白色的苦布盖起来！其实已经有人使用这种方法了！而且还有其他更加令人瞠目结舌的项目，比如环绕地球安装"阳光镜子"反射阳光！最近，英国皇家学会（Royal Society）的一项报告提到了美国科学院 1992 年的项目：铺设 55000 块镜子，每块镜子面积 100 平方米，呈环形轨道排列，可以任意调节镜子的方向，这样能够截住阳光后反射阳光，在某种程度上保护我们。

相比之下"水滴"技术更加容易实现，其原理来自基本的自然规律：天空中的云彩能反射阳光，避免阳光直接照射到地面上。自动航行的船队可以持续吸收海水，然后把水射向空中，创造大片云层遮蔽阳光。这种方法很容易实现，但是要持续多久？需要多少花费？目前专家们正在对这些问题展开讨论。

科技的虚张声势

类似的例子还可以举出很多。看到科学家的聪明才智，有些人感到恐惧，有些人感到惊叹。科学家利用他们的智慧证明一种广为科学界承认的理论：大气中二氧化碳的含量过多，即使各个国家同时减少排放，大气中已有的二氧化碳也足以让气温升高，气候变暖的现象已经无法避免。除非使用其他还在研发中的方法改变气候——有些方法已经进入应用阶段，这样才能够控制观察到的负面影响。

前文中提到地理工程学的项目完美阐释了思想家、环保积极分子雅克·艾吕尔的理论，他把地理工程学的各种应用称作"科技的虚张声势"。法国学者雅克·艾吕尔出版的书籍、论文数量众多，令人惊叹。他的大多数作品被翻译成了英文，其研究成果在盎格鲁-撒克逊国家[①]，尤其是在美国，获得了广泛认可与积极评价。艾吕尔生前在美国得到了很高的荣誉，而在法国，雅克·艾吕尔这个名字的知名度却并不高。

雅克·艾吕尔认为，科技并不是为了达到某个目标而使用的手段，科技能够自我繁衍，具备独立的特性，所以人类会失去对科技的控制，无法掌握自己的命运，而后产生新形式的异化。"科技的虚张声势"这种说法背后指的是科技必然脱离掌控，进入恶性循环。人们坚信："科技进步会解决一切问题"。可是没人想过，随着科技的进步，会产生新的问题，为了解决新的问题，又需要继续发展新科技，从而导致更新的问题，于是需要进一步发展科技来解决这些更新的问题，循环往复、无休无止。这就是地理工程学的问题：人类使用科技释放了千万年来储存的二氧化碳，接下来怎么办呢？研发另一种科技控制前一种科技造成的恶果。

---

① 译者注：通常指把英语作为常用语言国家的合称，也指经过大英帝国殖民之后拥有共同语言和文化的国家，包括英国、美国、澳大利亚、新西兰、爱尔兰、除魁北克之外的加拿大。

谁来调节恒温控制器？

控制全球温度从理论上说是可能的。但是难道不应该为世界和平忧虑新威胁吗？究竟是谁在调节恒温控制器呢？是美国吗？是中国吗？是联合国吗？联合国成员国之间就二氧化碳释放问题无法达成一致，他们能就采取哪种最合适的地理工程学科技达成一致，我们当然应当怀疑。首要原因在于，这些控制天气的手段虽然能够在全球范围内调节气温，但是在不同的地区可能造成完全不同的结果，在有些地方可能引发灾害。在调控天气的过程中可能要"牺牲"某些国家。

今天看来，最可信、可行的手段是保罗·克鲁岑提出的方法：向大气喷射微型的硫颗粒降低气温。数字模型的确展示出可以影响气温，两极温度升高，热带温度降低，平均降水量减少。具体表现是在萨赫勒地区（Sahel）出现强降雨，印度的季风消失，印度夏季气温不会降低，印度农业将迎来灾难性后果。如果其他国家采纳这种方法来降低全球温度，印度愿意付出在自己国土上发生饥荒这样的代价吗？各个国家的利益相差太大，如果没有一个全球性的政府，实在很难想象怎样保护所有国家的权利。该方案背后涉及的政治影响巨大，与之相比，运用地理工程学科技手段影响天气的成本却比较低，只需一个小国家，甚至一个大富翁，就可以实现喷射硫颗粒降温的计划。

在法国，很多葡萄种植者使用抑制冰雹的装备——"微粒冰雹形成器"。使用这种装置向空气中释放丙酮与碘化银的混合溶液，这样可以限制冰雹的个头，让它们不会太大，防止冰雹给葡萄园带来损失。今天，人们依然不能确定这种方法是否有效、对人体和环境有无伤害。

卜派（Popeye）计划

更严重的是，我们不能排除爆发"气候战争"的危险。未来学家雅迈·卡西奥（Jamais Cascio）强调，如果使用地理工程学技术作为武器，那么"地理工程学进攻方法可以拥有若干种形式"。让海藻疯长可以消耗大片区域的海洋资源，摧毁当地的生态系统。如果大气平流层里的二氧化硫落回地面，可以导致疾病。一个项目计划带来深层冷水水流，目的很明显，让飓风改变路径。"有些机构可能研发制衡地理工程学的项目，放缓或者减弱地理工程学技术产生的结果"。

其实历史上已经出现过改变天气达到军事目标的行动。二十世纪七十年代末期，美国五角大楼的"卜派计划"

就是改变越南的季风频率，阻碍越南南方民族解放阵线的部队前进。

控制射入大气中不可胜数的微粒

尽管使用地理工程学科技如同一场危险的赌博，但是对于很多科学家来说，终有一天我们必须这么做。至少在评估了地理工程学科技的可靠性、危险性、可逆操作性之后，这是一条可行的道路。英国皇家学会的一份报告中，明确反对在某些地域应用的技术，以及对自然环境有大规模影响的科技。比如，使用人工树木建造捕捉二氧化碳系统、在地面上安装镜子反射阳光等技术要比在大气中释放微粒或者让海底土地更加肥沃这类技术更加容易控制。

如果在大气中释放了无法计数的微粒，我们拥有资源和能力去清除这些微粒吗？一旦发生灾难，人类没有办法刹车。人类如同初识魔法的学徒，万一触发了无法操控的机制，可能产生不能预料的后果。所以，英国皇家学会那份报告的作者们得出结论："在没有足够数据支持的前提下"，只能把地理工程学科技作为紧急应对手段，在真正采取行动之前要"更加深入透彻地研究"。

但是有人却持不同看法。令人吃惊的是，对地理工程学极力颂扬的热情支持者中，居然有美国智囊团，尤其是不久前对气候变化真实性仍然质疑的保守派智囊团。曾经担任美国众议院议长的共和党人纽特·金里奇（Newt Gingrich）表示："地理工程学为气候变暖提供了大有希望的解决之道，每年只需要几十亿美元就可以解决问题，不必让普通美国人背负重担……激发美国的创造力，实在是受够了外部强加的环保条约！"推动控制气候新技术的机构介入到公众讨论当中，质疑今天获得公认的科学结论。

满怀热情的亿万富翁

怎样解释这样的转变？可能存在两种解释。第一种解释："兜售怀疑论的人"在看到科技进步的时候发现了机会，为了经济增长和自由贸易接受了气候恶化的科学诊断。有些人认为是否承认气候恶化这个结论，关键不在于科学解释而在于经济利益。第二种解释可能更加严重。鼓吹地理工程学可以怂恿人们不必采取任何行动保护环境：如果人类有能力控制气候，那么还为什么费力去控制二氧化碳排放量呢？

不论哪种解释，那些鼓吹地理工程学的人都反对减少碳排放，反对减少开发化石能源。石油公司、释放温室气体的企业开始混进讨论当中，这种做法并不出乎意料。地理工程学科技的专利吸引很多投资人，例如：比尔·盖茨（Bill Gates）、加拿大亿万富翁纽雷·爱德华（N. Murray Edwards）、维珍集团（Virgin）创始人理查德·布兰森（Richard Branson）。理查德·布兰森最近提出一项挑战，承诺重赏找到从大气中提取碳最佳方法的科学家。

毫无疑问，人们对于这些技术的看法在改变，即使有的技术离经叛道，但是已经开始获得社会的认可。面对国际上各个国家协商失败，面对各种环保公约迟迟不能签署执行，政府间气候变化专门委员会开始把地理工程学作为解决之道。然而，背后隐藏的巨大危险与人们搜寻的解决方法背道而驰。人类希望降低全球气温的做法，同时可能正在酝酿一系列不可预计的严重后果。尤其需要提醒关注的是，人类维持自己可以控制局面的幻象，掩盖了各国需要协同行动、减少碳排放这个迫在眉睫的事实。

"大象草战胜玉米螟"

生态农业

自从二十世纪四十年代开始，工业化农业在发达国家大规模发展：大面积单一作物，使用通过化石燃料生产出来的化学肥料，大量使用机械生产。一切的目标是丰产，彻底清除饥饿，获得最高的出产率，降低价格，让农业走出贫困。工业化农业大获成功，取得了举世瞩目的成就。把这种有效的模式移植到新近崛起的国家乃至发展中国家似乎顺理成章。

但是，经过了几十年产量为王的生产模式后，出现了令人担忧的情况。各处的土地变得贫瘠，水质变差，污染侵入地下，动植物种类变得稀少……食物失去了原有的味道。

从联合国的角度看，这种农业模式遭遇了失败：二十世纪九十年代启动新千年计划的时候，人们希望凭借这种农业模式把世界上的饥荒、极度贫困现象减少一半，2015 年，我们仍然没有达成这个目标。仿佛残酷的讽刺，南半球国家的农民是世界粮食的生产者，而他们却始终属于最贫困的人口。

而且，这种农业生产模式大大增加了温室气体的排放量，温室效应反过来降低农作物产量：在 2030 年之前，由于气候变暖，农作物产出率可能降低 20%。

今天人们普遍承认这种情况，应该如何应对？2050 年全世界要养活 90 亿人口，这是一场巨大的挑战。农业工业化的支持者看不到其他哪种模式可以完成同样的任务，因为毕竟粮食产量是第一目标。他们认为今天的种种问题是工业化农业发展的必经之路。

然而，有人开始质疑这种仅仅关注产量的农业发展模式。世界存在其他的模式，更加注重社会效益、关注自然生态。生态农业（agroécologie）捍卫另类的农业发展模式，这些模式同时协同解决贫困、气候变化、社会经济、生物多样性减少这些问题。

寻找其他的农业发展模式成为众多科学研究的目标，注重生产的同时关注对生态系统的管理，耐心观察自然的运行。另类农业发展模式的基础在于：在不带来破坏的前提下生产。

古生物病理学是医学与考古学之间的一门学科，考古学家与古生物病理学家可以教给我们很多东西，让我们重新审视人类的秘密。生物学家、地理学家贾德·戴蒙（Jared Diamond）在《人类历史最糟糕的错误》（*La pire erreur de l'histoire de l'humanité*）这篇文章里通过解释最新的发现，对农业可以提高原始人类生存质量的论断发出质疑。美国的保罗·谢泼德（Paul Shepard）等其他环保专家也提出过类似的观点。他们提出的结论出乎很多人的意料：目前的环境危机将以大灾难的形式结束，这场危机起源于一万年前，人类"发明"了农业。农业是"人类历史上最严重的灾难"！

万年灾难

寻求与自然和谐共处，不统治自然，不束缚自然。

提出上述观点的专家认为，并非是身为现代人祖先的猎人 - 采集者发现了农业，不能把农业的出现与文明诞生混为一谈。农业是人类跨过人口门槛的结果：只有依靠农业才能够养活如此大量的人口。农业或许是演化的结果，在其他物种身上可以发现类似现象。比如，有些种类的蚂蚁懂得"种植"菌类养活拥有众多个体的族群。当动物个体的密度达到一定程度的时候，农业就会产生。

戴蒙重新审视过一些研究成果，这些成果显示，在人类从事农业之后预期寿命从 36 岁骤降到 19 岁。在远古时代到农业出现这段时间里，男性的身高从 1.75 米降低到 1.60 米，女性的身高从 1.65 米降低到 1.54 米。如果庄稼歉收，饥荒更加容易发生，人类变得更加脆弱，这也解释了上述数字的变化。另外，人口密度上升，导致人口过剩，不同地区的大群人口彼此之间进行贸易，于是农业社会里各种流行病、传染病更加频繁地暴发。

走进农业时代还有其他的后果：阶级分化。由于对工作的分配不同，出现了精英阶层，诞生了人类社会的不平等现象。贾德·戴蒙经过研究发现，在出现农业之前，"没有国王、没有寄生阶级，由于从其他人手中夺取粮食，寄生阶级不断壮大。只有农民辛勤劳动才能保证不从事生产的精英阶层身体健康，这样，精英阶层才能统治在恶劣条件下生存的广大民众。"直到今天，这种现象依然存在于全球各个国家。

转变进入农业社会是一种选择，把数量置于质量之上的选择。而数量丰富的农产品仅仅可以维持短暂的瞬间，"直到人口增长再次超过食物产量"导致新的混乱出现。现在人类正处在一个转变阶段，我们应该仔细研究过去，以免重复曾经出现的错误。

新门槛

农业不但塑造自然环境，也塑造了社会和人类。明天的社会将是什么样子很大程度上取决于今天人类的所作所为。

生态农业能够解决今天的难题吗？我们能否做出中长期规划，把农业指导思想从扩大开垦土地面积转变成管理农业生态系统呢？会不会有一天我们把生态农业和农业种植的概念合二为一呢？还是说生态农业永远是小众感兴趣的概念，只在少数地区性农业生产中应用这种概念呢？很多人认为生态农业不能应对实际情况的挑战：过于昂贵、产量太少、对劳动力要求太高。生态农业的概念出现得太晚，世界粮食生产的组织形式、市场活力、占统治地位的农产品加工企业都不允许走回头路，无法从工业化农业生产退回关注环境的传统农业生产。

"生态农业"这个词大概产生于二十世纪三十年代，直到二十世纪七十年代才有了今天的含义。在法国，生态学家勒内·杜蒙（René Dumont）、"农民哲学家"皮埃尔·哈比（Pierre Rabhi）、农学家马克·杜福米耶（Marc Dufumier）等知名人士坚定地认为使用一些很简单的方法就可以达成预期效果，只不过这些方法早已被人们遗忘：用堆肥给土地施肥、采用自然方法处理植物病害、避免耕地、尊重田地里的微生物、尊重家畜。总而言之，与自然和谐共处，不控制自然，不束缚自然。但是他们的提议并没有得到社会的广泛接受，至多得到了一点礼貌性的关注而已。

扰乱氮循环

但是情况发生了变化，目前全世界的农业生产系统已经不堪重负。对产量的要求和全球贸易给农业带来了极大的压力，农民不得不举债，把大笔的钱投入现代装备中，这样才能在更广大的耕作面积上得到更多的产量。另外，因为针对不同作物应用的科技不同，所以更加关注技术、大规模使用机械的做法使得农业生产越来越专业化。于是，农业领域出现了众多变革，带来的恶果在今天逐渐显露。

首先，同属农业的种植业与饲养业分离。这次有历史意义的分离对环境和社会产生了剧烈影响。一方面，农民不再饲养家畜，于是没有家畜粪便给土地施肥，就开始使用化肥；另一方面，饲养者无法处理牲畜产出的氮，然后氮进入地表水，渗透进土地，影响了氮循环，最终带来部分海滨地区绿藻疯长等恶劣影响。

其次，过分专业化让种植业变得更加脆弱。世界上所有的农民都知道种植单一作物的危害：一种寄生虫足以毁灭全部收成。在二十世纪七十年代，美国经历过这样的灾难，80%的杂交玉米遭受长蠕孢真菌（helminthosporiose）的侵害，农业生产和国家经济都遭到了重创，部分土地甚至颗粒无收。因此，无须再次提醒，正确的农业种植方法是多样化种植，按照恰当的比例种植不同作物，这样可以降低风险、减少各种抑制病虫害的农药用量。

除了这些重大问题，农业生产模式过分工业化产生的负面影响也显现出来。种植过程中加入的化学品与食物里的添加剂威胁人类健康。法国国家医学健康研究院（Inserm）科研成果显示，杀虫剂的使用导致人类若干种疾病的发病率上升（癌症、神经退行性疾病，等等）。

生物多样性遭受威胁：杀虫剂对于授粉昆虫的危害尤其巨大，而农业生产离不开这些昆虫的存在。

而且农业生产排放的温室气体占到全球温室气体排放总量的13.5%（在法国这一数字达到21%），温室效应已经逐渐影响到农作物的出产率：从二十世纪八十年代到 2010 年，小麦出产率下降了 5.5%，玉米出产率下降了 3.8%。

最后，工业化的农业生产模式导致人类社会关系冷淡。生产者不再接触消费者，人与人之间变得陌生。因为大规模机械化劳作，农业生产不再需要人工劳力，很多工作岗位消失。

拥有专利的种子

在工业逻辑的指引下，农业领域里不断追求更多收成和科技进步之间日趋紧密的联系，转基因技术的成熟与应用在世界各地让这种联系更进一步：永远通过更多更先进的科技（这里指的是转基因技术）获得更好的收成。这能够确保在未来几十年里日益增长的人口获得足够的食物。很多人对此提出反对意见，认为当务之急在于解决人类不能平等地获取食物问题，而不是解决已经贵得离谱的能源价格问题。人类无法拥有平等获得食物的权利将在未来经济发展上占很大的比重。如果人类一直把粮食产量当作发展的唯一标准，那么将来必然大量使用转基因技术。

问题在于多数转基因植物都有专利保护，从中真正获得利益的是拥有专利的大型农业企业、食品企业。这些企业每年都会从农民手里获得专利费，收获作物以后农民没有使用自己种子的权利。

而且，大规模种植转基因作物会大大减少植物种类，当今的巴西等拉丁美洲一些地区就是这样。所以生物多样性会越来越贫乏，可能导致无法逆转的现象，比如：经过转基因改造后的作物拥有抵抗疾病和昆虫侵害的强大能力，这类基因会向周围的植物扩散传播，等等。

改变模式

现代社会里工业化农业占统治地位，带来的环境挑战与健康挑战对未来的生活至关重要，面对这一切，生态农业可以凭借新技术与不同的生产方式给出满意的答案。通过生态农业，人们可以在每公顷土地上获得足够的热量和蛋白质。和工业化农业相比，生态农业需要更多的劳动力，于是在很多地区能够提供更多的就业岗位，刺激当地经济发展。

的确，寻找更低廉的价格是世界粮食贸易中的主导思想。发达国家的农民由于高度专业化投入了大量资金，出于利益考虑不会轻易改变农业模式，而且生态农业在价格方面并不占优势。为了改变这种趋势，鼓励农民改变生产模式，应该实施相应的政策，比如在价格、土地上做文章。

最近已经出现了令人振奋的迹象。欧盟委员会提出建议，在共同农业政策（Pac）的框架下改变补助条件，加入了农业环境与生态环境的相关内容，明确表示出对生态农业的兴趣。而且，世界粮农组织（FAO）、世界银行、很多非政府组织、科学家、若干国家的政府都行动起来。法国也不甘落后，法国国家视听材料院（INA）的前院长玛丽昂·吉尤（Marion Guillou）最近递交给法国农业部一份材料，宣传另类农业生产模式，减少化学添加，节省能源，又不会降低竞争力，同时强调使用这些模式时需要培训农民，并且提供后续服务。目前考虑的方法包括优化水消耗、帮助土地重新获得肥力、重新学习传统技术。

巫婆草

在发达国家，生态农业是宝贵的优势，有利于土地种植持续平衡发展，适合当地土地特点。在干旱严重地区、有害植物或者昆虫肆虐地区采用生态农业可以让作物抵抗力更强。

在肯尼亚，一位印度昆虫学家研发了一项有效的生态农业技术。当地农民常常要对抗两大灾害：一种依靠玉米生活的寄生植物"巫婆草"，一种把卵产在玉米叶子上毁坏玉米的夜行性蛾子"玉米螟"，在当地玉米螟是玉米的最大敌人。在很多国家，人们只能选择转基因玉米对抗这些祸害。

这位印度昆虫学家和当地农民紧密合作，研究了植物与昆虫之间的相互作用，最终发现使用两种植物就能够解决问题：山蚂蝗与大象草。山蚂蝗能够毁掉巫婆草的根部，同时为土地带来氮，保护土地免遭水土流失。而且山蚂蝗还能够驱赶玉米螟，玉米螟远离山蚂蝗后会把卵产在附近的大象草上，但是卵无法在大象草上存活。这两种植物还有一个额外优点：它们都可以作为牲畜饲料。

毫无道理地运输

即使人们认识到实施生态农业很有必要，了解到生态农业对于环境与健康的优势显而易见，仍然存在很多悬而未决的问题，比如转变成生态农业需要的花费，在欧洲、美国等农业高产地区放弃使用化学产品带来的影响。

对于生态农业支持者来说，有一点毋庸置疑：要发展生态农业，必须离开国家竞争的大环境，也就是说摆脱世贸组织规定的束缚。他们认为这种"保护主义"可以让所有人获益：保护贫困国家的农民，避免出现发达国家农产品蜂拥而至导致产品过剩的现象，让这些国家重新获得对本国粮食的控制权；保护发达国家不必受一些无用副产品的困扰；保护环境，减少无用的农产品交易导致过度运输产生过多尾气，比如对富含蛋白质的植物加征海关保护税收⋯⋯

自然之子

从这样的广度来看，进行生态农业改革完全可行。但往往有人以实用性不强为名，声称反对工业化农业的人只懂得白日做梦。然而，我们必须承认工业化农业、产量为王的农业原则已经显现出自身的不足，在这一过程中，人类与自然的关系日渐疏远。"农民哲学家"皮埃尔·哈比（Pierre Rabhi）呼吁道："我们是自然之子，生态农业赋予人类与自然界生物合作的能力。"

"我的大脑灰质比你的石油更强大！"

知识经济

    2014 年 6 月，世界各大企业的市值排名中，科技领域的企业明显占据统治地位。苹果公司再次成为价值最高的公司，石油天然气巨头埃克森美孚公司占据第二位，紧随其后的是谷歌公司和微软公司。值得一提的是，世界上市值最高的前一百家公司的总价值实现了飞速增长，比 2009 年多了 6 万亿美元。苹果公司市值达到 4690 亿美元，而世界上最贫穷的二十个国家国内生产总值之和是 2430 亿美元，苹果公司作为一家企业远远超过了这些国家。新的时代告诉我们："认知资本"领域的企业战胜了资源开发型工业企业。

    究竟什么是"认知资本"？我们也可以将其称作"学识经济""信息经济"，或许更广为人知的称谓是"知识经济"，这是经济的新变种，正如历史上经济思想经历过其他时代一样：文艺复兴时代、十七世纪重商经济时代、十九世纪工业革命与资本主义诞生时代。这个新时代出现在二十世纪末的决定性阶段，大约二十世纪九十年代，第三产业和科技的迅速发展促使知识经济起飞。信息、通信、创意、文化，知识经济属于后工业时代的产物。知识经济优于食物、原料、能源，属于"大脑灰质"的非物质产品，保证占据相对优势，效率更高。拥有知识的人可以让知识经济开花结果，在全球范围传播。智力与技术在资本世界中君临天下。知识经济蕴藏的资源似乎取之不尽、用之不竭，从定义上看知识属于无限资源。

回溯到 1962 年，奥地利经济学家弗里茨·马赫卢普（Fritz Machlup）对知识的角色与影响提出疑问。他提议把知识分成五个不同种类：实用知识、学术知识、精神知识、非主观意愿获得的知识——即偶然间得到的知识、"消遣与闲谈"知识——这种知识专门用于娱乐和感情。根据应用范围，每种知识都可以各自产生影响，拥有经济效能。当时社会信息化程度仍然很低，但是知识产业仍然包括了高等和中等手工工业以及所有服务行业，已经占据美国国内生产总值的 30%。接下来，知识经济的发展速度加快，1977 年在欧盟范围内，45% 以上的从业者的工作与"操控"信息有关。二十世纪九十年代末期，经合组织（OCDE）计算，在所有发达国家里，知识产业已经占据国内生产总值的 50%，比 1985 年提高了 5 个百分点。

同时，世界银行、联合国开发计划署（PNUD）等国际组织宣传这种经济模式。在里斯本，欧盟于 2000 年把知识经济作为发展战略的主轴，提出了充满雄心的挑战：在 2010 年以前，欧洲的知识经济要成为世界上最具竞争力、最有活力的产业。现在看来尽管没有获得成功，但是这个目标依然存在。

在世界各地对知识经济充满热情的情况下，应该提出一个问题：要实现可持续发展、发展非物质经济，知识经济在未来是否必不可少呢？实际上，一切仍然是个未知数。

哲学家安德烈·戈尔兹（André Gorz）在生命的最后几年里出版了两部作品：1997 年的《当下的悲惨，可能的财富》（*Misères du présent, richesse du possible*）、2003 年的《非物质》（*L'Immatériel*）。在这两部作品中他预见性地描述了资本主义的危机，以及资本主义为了延续生命做出的改变。资本主义之所以能够改变凭借的是一种海量资源：人类的智慧。

面对有限的自然资源，于是我们转向无限的资源：知识。

当发展遭遇实体经济饱和障碍的时候，也就是说投资建设新基础设施的收益变得越来越少的时候，必须寻求其他的发展方法。第一种方法是金融投机。第二种方法是让民众广泛借贷，这样可以增长整体消费，广告产业负责刺激需求。第三种方法是扩张，占据原本处在市场之外的领域，持续扩大市场规模。

这个论断描述了资本主义扩张的情况，是罗莎·卢森堡（Rosa Luxembourg）、汉娜·阿伦特（Hannah Arendt）所描述理论的延续：资本主义持续增长，不断把原本不受资本主义影响的元素纳入自己的体系中。这种观点认为，资本主义并不仅仅是经济体系，也是社会现象。

但是今天资本主义的演化遇到了新的局限：生物圈，引发了新阶段的崛起——量化认知。面对有限的自然资源，增长转向了从定义上就属于无限的资源：知识。知识这种资源大量、免费，在交流的过程中愈加丰富，可以为了经济扩张人为地被转变成稀有资源，通过创造稀缺性创造价值。

"虚拟商品"

比如专利就属于虚拟商品，其整个过程完全符合经济学家热纳维耶芙·阿沙姆（Geneviève Azam）的描述："创建知识市场应该凭借准入权创造该领域的稀缺性。新的知识产权会通过所有权制度在知识领域创建围栏，这种所有权制度以私有化准入权和使用权的方式，让与知识这种共有财产。"结果是，知识不再是为共有财产服务的活动，相反，成为服从经济需要与发展需要的活动。这是知识的社会产物，知识被重新定位，满足市场利益的需求。

认知资本绕过了生态为了发展设定的界限，把共有财产私有化（此处的共有财产包括认知、知识、智慧、教育），改变了这种共有财产原本的存在目的。匈牙利经济学家卡尔·波兰尼（Karl Polanyi）描述创建"虚拟市场"的做法并且加以指责：增长动力从工业经济转化到知识经济，其基础也从开发自然资源转化到开发非物质资源。

金属与垃圾

安德烈·戈尔兹认为，经由认知资本化演变出来的非物质经济是虚构的幻象。这种经济虽然建立在非物质基础之上，实际上增加了全球物质与能量流动，并且让世界保持不平等的状态。为什么这么说呢？知识经济的内容必然由工程师与教授创造，而不是由工人创造。作为这种经济的重要因素，即知识经济所在国家的居民不希望降低消费水平：如果他们自己不再生产消费品，那么就要从另一个国家进口。于是，其他不发达国家在严苛的社会与环境条件下，生产低价商品运往知识经济发达的国家，于是国际贸易与运输增加。知识经济发达国家的居民对于电子产品的消费量并不会减少，他们只会把电子产品的生产地点迁移到其他地方去。

而且，信息技术、通信技术需要大量金属（手提电脑里有三十多种不同的金属）。金属是自然矿产资源，不可再生，开采矿产在未来会导致矿产资源枯竭。而且这些技术需要各种重大基础设施建设，结果会消耗很多能量，产生大量垃圾。

用作他用的存款

全球气候变暖方面的研究显示，服务行业与二氧化碳排放之间关系紧密。和人们普遍的想法不同，和工业相比，服务行业排放的温室气体更多。拿银行业为例，法国银行业排放碳总量是全国人口生活消费排放碳总量的六倍。和行政机构一样，大型银行信息化程度高，楼房等需要取暖、照明的面积很大，而且空调、监视器等各种设备消耗能源总量十分可观。

但是重点并不在此。需要注意的是银行投资的重点在什么地方。"维瑞欧"（Vigeo）、"乌托邦"（Utopie）等社会与环境评分机构的研究显示，银行业在法国之所以成为排放温室气体最多的领域，是因为储户存款被银行以贷款补贴的形式拨给了污染严重的行业……

简单来说，环境保护不仅仅限于购买自行车、不购买汽车这类行为。如果把存款交给大银行管理，这些资金可能被投入到污染环境的大型跨国企业。虽然当下人们的消费减少，貌似有利于环境，但是如果把存款使用在不得当的方面，同样会增加二氧化碳排放，致使气候变暖。

"海洋中的九座珊瑚岛将不复存在！"
生态移民

理论上来说，如果能够成功说服卡特里特（Carteret）珊瑚岛上的 2500 名居民，那么他们会在 2017 年搬离这座岛屿，前往布干维尔岛（Bougainville）。布干维尔岛是距离巴布亚新几内亚（Papouasie-Nouvelle-Guinée）北部80 千米的一座大岛，对于这些居民来说这座岛屿如同"大陆"般广阔。图瓦卢（Tuvalu）是除了梵蒂冈以外最小的国家，由地处夏威夷和澳大利亚之间的九座珊瑚岛组成，图瓦卢的居民对未来忧心忡忡：他们国家的最高点仅仅超过海平面三米。基里巴斯（Kiribati）这座岛国的总统几次在国际社会上表示自己的担忧："我们应该为我国不复存在的那一天做准备，这太令人痛苦了。"

随着海平面上升、水土流失、土地盐碱化，再加上洪水、海啸、飓风频繁出现，在亚洲 - 太平洋地区的居民将会被迫离开自己生活多年的土地。在大洋的另一边人口更多，同样多灾多难，在孟加拉国、埃及的尼罗河三角洲，由于糟糕的经济形势和过高的人口密度，生态系统岌岌可危。在非洲几个国家，反而是干旱肆虐，缺水、沙漠扩张导致农民不得不迁居他处。在阿拉斯加，由于温度升高冰盖后移，因纽特人和美洲印第安人的生活也遭到威胁。

今天，人们不得不解决失去农田、食物缺乏、饥荒等问题，尽管历史上人类熬过了类似的灾难，但是今天的情况却尤其严重。因为气候变化、全球变暖造成的影响从来没有像现在这样，在如此短暂的时间里造成巨大伤害。为了生存，很多人只能选择离开，去其他地方安家，目的地可能是邻近的地区，甚至更远。

帮助由于气候变化导致移民的计划很多，但是都存在各种不确定因素，因此预估工作基本不可能完成。这些不确定因素中占第一位的是气候变暖能造成多大的影响，因为在未来几十年，世界各国在减少温室气体排放方面能做出多大的努力直接影响灾难的严重程度。

如果未来移民浪潮变得更加汹涌澎湃，这无疑对国际社会的领导人们提出了严峻考验。怎样定义气候变化受害者？是不是应该像政治难民一样，给他们一个"气候难民"的身份？无论如何，如果想要找到解决办法、互帮互助、管理移民浪潮的话，必须加强国际合作。

由于环境问题导致移民的情况始终存在。到处都有这类移民的影子，人类历史上有很多这样的先例，其中既有失败的案例也有成功的案例。土地沙漠化、大面积森林砍伐、土地盐碱化、水土流失、突然爆发的空气污染和水污染，这些都是人们搬家去其他地方生活的常见原因。

但是，从二十世纪八十年代开始，气候出现改变，然后气候灾难越来越频繁，因此发生了各种人间悲剧，必须要明确指出：全球各地出现的气候变暖现象是导致很多移民活动的罪魁祸首。这是气候变化后，人人可见的第一个明显后果。

各个国家以事后补救的方法应对问题。

海平面上升

在非洲的严重干旱导致马里（Mali）与布基纳法索（Burkina Faso）的颇尔人养殖户大规模迁移，环境恶化、气候变化与旱灾存在明显的因果关系，政府间气候变化专门委员会隶属联合国，拥有专门研究演化的专家团队。

该组织认为除非国际社会做出强烈反应，采取积极行动，否则因为海平面上升等各种气候变化，被迫移民的情况将在未来几十年乃至几个世纪持续下去。

然而，很难预见移民活动达到怎样的规模，目前一切尚未定论。因为出现何种情况将取决于 2050 年左右全球变暖后的气温，也就是说世界各国在未来几十年里能够减少温室气体排放的数量：那时温度会升高 2℃、4℃、6℃？所以未来的走向有多种可能，现在无法预料明日世界的景象。

全球威胁

同样，在这个日益脆弱的世界上，面对气候变化、生态失衡，无法预见在政治以及地缘政治层面出现怎样的反应。由于环境迅速变化，导致越来越难以获得水与能源，所以暴发饥荒、流行病的危险增加，这是全球性的威胁，没人能够预知结果如何。

诺贝尔评奖委员会在 2007 年把诺贝尔和平奖颁给了政府间气候变化专门委员会，委员会表示这么做是为了世界各地的人们关注气候变暖对世界和平与安全造成的危险。

虽然有人提及移民问题完全出于恶意，但是气候和安全问题之间紧密相关，这一点毫无疑问。因为国际社会对减少二氧化碳排放的话题无动于衷，所以在表述移民与安全关系的问题上可能有所夸大，但目的在于唤醒各国政府和舆论行动起来。另外，尽管获取自然资源一类的生态冲突始终存在，尽管这些冲突由于气候变暖可能进一步升级，但这并不意味着必然出现大规模的移民活动。

刻板印象

值得强调的是，大多数由于环境变化被迫搬迁的移民只是限于本国范围，搬迁距离短，花费不多。他们主要的目的是尽可能远离受灾区域，也就是向城市周围或者同一大洲的其他地区搬迁，这种情况主要出现在南半球。尽管人们头脑中存在很多刻板印象，但这些欠发达国家的确是气候变化的主要受害者，而且气候移民大多数不可能迁入发达国家。

巴黎政治学院（Sciences Po）政治学者弗朗索瓦·日曼那（François Gemenne）认为，像中国、莫桑比克、越南这样的国家对日渐严重的气候问题已经提前做了准备，开始组织居民搬迁。在莫桑比克，几年来由于气候变暖产生了几次极端天气灾祸。在 2000 年，大雨引发的洪水给当地民众带来巨大困难，接下来几年该国的中央地区又发生了几次洪涝灾害。洪水迫使原本居住在河流下游的居民离开家园。

没有受灾的地区

另外，其他自然灾害也会光顾这些地区：干旱、海滨土地侵蚀、可以预见的海平面上升，海平面上升导致海水侵入更远的地方，甚至国家内陆。海水扩张可能导致居民丧失基本的生存条件，变得脆弱、容易受到伤害。

除了紧急救助之外，政府还会动用资金在没有受灾的地区建立居住中心，居住中心的位置应该在学校、医院、肥沃的土地附近。当然，一定还会存在很多问题，这些没有遭遇海水侵袭的地方还会面临缺水、干旱等问题，迁出的移民希望能够早日回到家园。但是，如果未来出现这样的移居现象，而我们打算避免更多的悲剧出现，应该尽早做好准备。

国际社会怎样提前准备应对这种可能出现的移民潮呢？联合国呼吁在法律上承认这种环境难民的地位，还应该包括除了气候灾难之外的遭受地震、龙卷风等其他自然灾害的难民。目前，各个国家还是以事后补救的方法来应对问题，也就是说在灾害发生后采取行动。世界各国担心难民会大规模涌入自己的领土，气候难民和其他难民一样不受欢迎。

全球管理

为了更好地处理气候难民问题，必须实现国际合作：发达国家应该承担责任，出资帮助相关国家应对气候变化问题。2010 年在坎昆（Cancún）峰会上已经迈出了国际合作的第一步，建立基金帮助发展中国家应对气候变暖的局面。接下来还应该在国际组织的领导下建立移民的全球管理体系。

随着海平面上升，一些岛国将消失，国际法将面临前所未有的情况：没有国家领土的居民，处理这种没有任何国际法律预见的情况，创立新形式的无国籍身份。2012 年末，太平洋岛国基里巴斯（Kiribati）面临遭到淹没的命运，基里巴斯总统表示政府已经斥资购买了斐济（Fidji）2000 公顷的农业土地，预防应对本国土地遭受海水侵蚀农作物无法生长的困境。同时还要加高堤坝，种植红树林，在附近修建人工岛……而澳大利亚政府和新西兰政府现在仍然拒绝开放边界接收可能出现的"气候难民"。

环境移民往往被当成威胁国际安全的因素，其实通过改变经济模式、减少温室气体等方法完全可以避免环境移民的出现，这才是治本之道。另外还可以从技术上做好预防准备。各个国家应该考虑怎样鼓励居民去相对安全的地区生活。为了让农民可以从多方面获得收入，进入城市工作生活，国家还应该帮助城市适应可能出现的移民潮。通过促使家庭从多方面获得收入的办法，更好地管理土地的使用，降低因为获取资源而出现的竞争压力。

如果能够事先精心准备，一定可以完美地解决气候移民问题，避免出现在最后时刻仓促逃离灾区的情况，把伤亡数字降到最低，把人道危机程度减到最小。

"花椰菜越苦越好！"

健康与环境

对于喜欢吃花椰菜的人来说这一定是条好消息：每天饮用半杯加入花椰菜烹制的茶可以去除聚集在体内的苯，迅速、持久地净化身体。其实那些不喜欢蔬菜的人也应该努力喝下这半杯茶，因为苯是一种对人体危害很大的化学品，欧洲相关法规认定苯属于致癌物质，而人们经常从汽油的挥发物中吸入苯。这个结论绝非道听途说，而是具备坚实的科学基础，2014 年 6 月美国和中国的科研工作者发表了他们的研究成果，而且还做出进一步说明："花椰菜越苦越好！"

各种形式的空气污染已经成为世界性问题，其危害不仅限于城市地区。除了众所周知对环境的影响之外，空气污染还导致人类生活质量下降，损害人类身体健康。

欧洲环境署（AEE）对这个问题的观点非常明确：

估计 90% 的欧盟城市居民暴露在严重的空气污染之下。我们不禁要问剩下 10% 的居民究竟住在什么地方！欧洲环境署特别指出了两种分布最广泛、毒性最强的物质：细微颗粒和地面上的臭氧，两者都是导致呼吸系统疾病、心血管疾病、过早死亡的罪魁祸首。

其实这条消息对于广大市民来说并不新鲜，他们早就意识到了环境问题带来的危害，甚至把环境问题与烟草、酗酒、车祸相提并论。而且人们还担心环境问题给儿童带来的危害，和成年人相比，儿童吸入的污染物比例更高。而且它还可能伤害到仍在子宫内的胎儿。

在民众意识到危险，医生、民间组织多次发出警告之后，政治领袖终于表态要控制各种类型的污染。而且在工业、运输、居住领域已经取得了可喜的成绩。

但是世界很多地区仍然缺乏资金治理污染，国际社会整体上依然迟迟无法有效组织抗击污染的行动。2012年，环境空气污染致使 350 万人死亡，空气污染始终是威胁人类健康的最大敌人之一。很遗憾，单凭花椰菜无法赢得这场战争。

从远古时代开始，各种导致大量死亡的传染病、流行病就刻在了人类的历史上，也深深烙在人类社会的记忆中。长久以来人们并不了解这些疾病，直到近代这种情况才有所改观。这些疾病引起人们深深的恐惧，导致人们做出不理智的反应，以为那是上帝的惩罚、恶魔的杰作，只有找到替罪羊才能让人类摆脱悲惨的命运。当代社会也继承了这一传统，并且成为了文化的一部分。

最近几十年暴发的严重流行病（艾滋病、埃博拉病毒）唤醒了蛰伏在人类内心深处的恐惧，于是人们唾弃、指责病人，把所有的注意力都集中在这些疾病上。无论是病毒、细菌，还是寄生虫导致的传染病，仍然对人类健康造成严重威胁。

真正的大规模流行病

偷偷损害我们身体组织的日用器具与物品数不胜数。

然而在现代社会中，很多慢性病、心血管疾病、呼吸系统疾病、肥胖、癌症、糖尿病变成了真正的人类杀手。

如果我们仔细观察最近几年医院里收治的各类病人，会发现上述疾病的增长速度惊人。近二十年的时间，全世界糖尿病患者数量几乎翻倍。今天大约每三个人中就有一个超重或者肥胖。这些疾病不论在贫穷的国家还是富裕的国家发展同样迅速。一个国际研究团队收集了188

个国家的数据后，在医学杂志《柳叶刀》上发表自己的研究成果。美国始终名列榜首，德国紧随其后，中国、印度、俄罗斯、巴西、墨西哥、埃及、巴基斯坦、印度尼西亚这些人口大国也榜上有名。研究指出，"和烟草、儿童营养不良等其他健康危险不同，肥胖问题在世界上有增无减"，仅仅在某些富裕国家肥胖现象的增长速度放缓而已。现在治疗肥胖的费用已经超过预防烟草危害的花费。

暴露在危险之中

尽管环境因素对于癌症究竟起到什么具体作用还属于有争议的话题，但是环境能够影响人类罹患癌症这个结论已经得到公认。在严格的医学定义上来说，环境是导致癌症的非基因危险元素之一。这里指的主要是患者在生活环境与工作环境里暴露在物理、生物、化学物质之下诱发癌症的情况。

科研工作者针对这些物质进行了很多研究，要把环境中致癌物质分离出来非常困难，而且很难说明这些物质在诱发癌症方面究竟占了多大比重，因为癌症可能是若干因素同时作用或者先后作用的结果。而且，从患者暴露在危险因素之中开始到癌症发病可能会持续几十年的时间。现在，对于持续存在的轻度污染环境在导致癌症方面究竟有多大程度危险这个问题，我们了解的还不多，这也解释了为什么有时会出现自相矛盾的研究结论。

看不见的丑闻

显而易见，很多人适应的"西方"生活模式能够导致多种慢性疾病，联合国从中总结出了三大罪魁祸首，联合国雄心勃勃地定下目标，要在 2025 年之前阻止这三大罪魁祸首，它们是：过度摄入热量、不进行体力活动、企业过分推销食品。另外，联合国还提到了其他致病因素，比如压力、污染、药品、基因易感性。

毫无疑问，现代生活的环境是很多慢性病的主要病因。另外，对于医疗系统来说，难以承受的医药价格也是导致情况恶化的原因之一。

化学家、毒理学家安德烈·奇科莱拉（André Cicolella）控诉"导致慢性病的隐形致病因素"。这些慢性疾病致病因素既不是衰老，也不是人生的必然阶段，而是数以千计的化学分子，加上糟糕的饮食习惯、缺乏运动、城市污染、恶劣的工作环境、社会的蹂躏、发达国家与欠发达国家内部的不平等，所有这些因素综合造成恶果。

150 种物质

在日常使用的器具与物品中，偷偷损害我们身体组织的东西数不胜数：手机、香波、衣服、塑料包装，等等。人类周围环境的毒性越来越强。幸好人类开始意识到目前处在"化学品全面污染"的处境，这种情况让人类患上众多慢性疾病。更严重的是，人类正在把这种有毒的遗产留给子孙后代。

我们日常生活使用的众多物品都是化学合成品，长久以来对这些产品的使用没有任何监督管理。在欧洲，从 2007 年开始实施化学品管理规则（REACH），适用范围包含了"所有生产、进口、市场上存在、使用的单纯或者合成物质"。2013 年，根据该管理规则，150 种物质被界定为"令人极度担忧"的物质，也就是说要对这些物质进行评估，可能禁止使用。但是这一过程非常缓慢，存在的物质数量太大，直到今天经过评估的物质只有三千种。

浴帘

几家民间协会致力于评估日常用品的危险程度，并把评估结果广泛传播。比如法国协会"诺提欧"（Noteo）

就是其中之一，协会里汇集了营养学、医学、环境、毒理学、社会工作各个领域的专家，负责评估市场上不同商品，目的是改善消费和生产情况。现在已经有45000种产品接受了评估，人们可以在数据库中轻松找到评估结果。

公权部门总算也开始关注这些问题了。2014年，法国环保部表示在食品、包装、护肤品领域禁止"全部有害物质"，比如，对羟基苯甲酸酯、钛酸盐。这些物质是邻苯二甲酸的化学衍生物，常常用在塑料薄膜、包装、地面涂层、浴帘中。另外还在很多化妆品中被常常当作固定剂，涉及的化妆品有：指甲油、发蜡、香水……另外，毒理学专家长久以来指责的内分泌干扰素也在受检查之列，这些物质能够改变激素的运行。

细胞与细菌

国民议会在2014年7月投票决定，在诸如学校等敏感地点附近限制使用杀虫剂，这是全面减少使用杀虫剂之前的一个步骤。

尽管出现了些许改善，但遗憾的是在公共政策方面关于健康和环境之间的报告寥寥无几，在一些医疗诊断里对于环境因素没有足够重视。对于发达国家的很多公民来说，诊断结果非常明确：人类之所以生病，就是因为被自己所处的环境毒害了。

如果想减少慢性疾病，应该改变人类的生活方式，首先要对抗化学污染、劣质食物、缺少运动的生活方式。人类的健康离不开环境，人类的身体由细胞和外来物质组成，人体所含外来细菌数量是人体本身细胞数量的一百倍。人类的身体主要由非人类的 DNA 组成，如果没有细菌人类将无法存活。比如，如果没有细菌帮助，人类将无法消化摄入的很多食物。换句话说，人类是生态系统的一部分，人类与环境之间非但没有界限，反而彼此融为一体。

"小步缓行，为了失去的时间去赢得时间"

慢速运动

2010年春天，行为艺术家玛丽娜·阿布拉莫维奇（Marina Abramovic）在纽约现代美术馆的展厅里坐在一张直背椅子上，她不说话，一动不动地坐着等待。参观者一个接着一个坐在对面的空椅子上，与她对视。拍摄下来的影片激动人心，人们的面孔上呈现各种各样的情绪：困惑、挑衅、乐趣，有时表现出激动的情感，甚至有人啜泣。有些人停留了好几个小时。与之形成对比的是，根据美术馆的记录，一个参观者平均在一幅作品前停留的时间是八秒钟。最近，世界上若干家电视台播放了一部时间很长的纪录片《倒行东京》，这部超过九个小时的纪录片拍摄了一个年轻人安静地走在日本首都街头的情形，他周围的生活反向流动。该纪录片播出后大获成功。

这是对缓慢的赞颂。二十世纪八十年代面对人们疯狂追求快速的现实诞生了一种新哲学——慢速运动，这两次艺术探索是不是这种新哲学的反映呢？速度几乎成了进步的同义词，占据了我们生活的全部。我们总是要得到更多，对速度的追求无休无止。的确，手表的指针不会变得更快，但是德国社会学家哈特穆特·罗沙（Hartmut Rosa）认为，我们"即使赢得很多时间，但仍然觉得没有时间"，这种感觉是人们在当今"后现代"的典型感觉体验。在法国，保罗·维希留（Paul Virilio）很久以来就反复提到这种现象，并且表示这对于人类的生活、对于自然都十分危险。人们是不是听从了这些学者的劝诫呢？总之，世界各处几乎都响起这样的声音：真的该放慢速度了。

很荣幸提起"慢速运动"在 1986 年的起源，慢速运动发生在古罗马城中心的意大利美食餐桌上。其享乐主义的因素可以解释为什么慢速运动能够获得成功：在意大利人喜欢的传统小餐馆对面出现了一个新的快餐店品牌①，这个品牌的快餐店提供快速做好的汉堡包，顾客也会迅速吃完这种食物。现在传统美食要迎战这个快餐品牌的挑战！意大利人要捍卫自己的地方美食，保持烹饪美食的耐

---

① 译者注：麦当劳。

心，享受共同品尝美食的愉悦。社交饮宴、生活品质、社会责任……几年间慢速运动的思想引发了围绕上述各类主题的多项活动。各地几乎同时爆发了慢速运动，人们似乎突然间意识到自己的劳累，决定放慢脚步，享受更美好的生活。这项运动并不是让人们完全停下来，而是找到属于自己的频率，找到每个人的自由。慢速运动已经投入人类活动的各个领域，甚至进入人们的私生活，提倡慢速性生活（slow sex），让快感永恒持续！

在意大利诞生了最初的慢速运动，然而，一位在1826 年去世的法国人——美食家让·昂特勒姆·布里亚 - 萨瓦汉（Jean Anthelme Brillat-Savarin）启发了慢速运动的诞生。这位喜欢享受生活的法国美食家写出了一本惊世名作《味道生理学》，这本书后来被奉为"慢速食物"活动的圣经。"告诉我你吃什么，我就能说出你是什么样的人。"告诉我你怎样吃饭，我也能说出你是怎样的人，因为"那些消化不良、自我陶醉的人不懂喝酒也不懂美食"。这种美食哲学变成了生活艺术，坚决抵抗速食现象以及速食饭店的大举进攻。

生活的财富

> 当代的大部分焦虑由于速度加快产生。

从那以后，慢速运动扩展到众多领域当中：慢速城市、慢速学习、慢速阅读、慢速生活、慢速金钱等所有可以沉浸其中、可以分享的生活方式。慢速既是一种哲学也是一种生活方式。这种慢速运动来源于欧洲大陆，在列夫·托尔斯泰（Léon Tolstoi）的作品中，在约翰·罗斯金（John Ruskin）的作品《时至今日》（*Unto This Last*，法语译名 *Il n'y a de richesse que la vie*，意思是：生活是唯一的财富）都可以找到这种思想。诗人、哲学家兰扎·德尔瓦斯托（Lanza del Vasto）根据甘地在印度静修的状态在 1948 年创建了"方舟社区"（les communautés de l'Arche），这个在二十世纪颇有影响的运动也充满了慢速运动的思想。1936 年在甘地另一位学生——美国社会哲学家、非暴力运动的信徒理查德·格雷格（Richard Gregg）的文章里第一次出现了"简单生活"（simplicité volontaire）这个词组。在二十世纪后半叶，根据雅克·艾吕尔（Jacques Ellul）、贝尔纳·沙尔波诺（Bernard Charbonneau）、伊凡·伊利奇（Ivan Illich）三位法国学者的研究思考成果，这种慢速运动的思想得以迅速发展。

荒谬与无聊

在技术议题领域研究颇深的著名思想家雅克·艾吕尔（Jacques Ellul）认为，速度是让我们奔向荒谬的力量。在技术的世界里，对于所有人来说，追求更快的速度是必要条件。然而技术扩张这种严格的理性模式只能导致荒谬与无聊。艾吕尔在 1988 年写道："媒体高声庆祝每次速度的提升，公众也把速度的提升当成胜利。但是经验显示，节省的时间越多，我们缺乏的时间就越多。我们前进得越快，就越觉得浮躁。追求速度究竟有什么用呢？其实什么用都没有。我知道，一定有人说应该使用所有能动用的手段，尽可能地快速前进，因为'现代生活就是让人浮躁'！抱歉，先生们，这是个错误：现代生活之所以让人浮躁是因为人类拥有电话、传真、飞机，等。如果没有这些机器，生活和一个世纪前没有太大区别，所有人都能够同步前进。有人问：'那么你否认进步？'不，我否认的不是进步。我认为，这些争分夺秒的行为、思考方式不属于进步。"艾吕尔还承认，现在人们的所作所为的确可以节省时间，但是节省下来的时间往往都变成了失去的时间。

慢速运动最初也对现代化有着类似的批评。慢速运动表示出应该让占统治地位的现代化减速，释放异化的形式，选择另一条路："低调的幸福"、更好地生活。

德国哲学家、社会学家哈特穆特·罗沙认为，人类进入了另一个时代，这个时代里应该放弃速度，这样可以解放人类。相反，一味追求速度只能让人类进一步异化。

的确，这种速度加快的感觉并不新鲜，在十九世纪出现了铁路、爆发工业革命的时候，人们有过同样的感受。然而，这些思想家把它当成了我们的时代，即后现代社会的独有特点。慢速运动组成了保护网，对抗无所不在的加速度导致的疲劳感。比如，当今社会的家长让孩子接受各种培训：音乐、运动、舞蹈，两岁开始阅读……各种花样层出不穷，绝不会让孩子感到无聊！公司里实施严苛的管理制度：员工被电子邮件和会议压得喘不过气。旅游业同样追求速度，一天要游览一座城市，要拍摄多少张照片。更不要说每本书的寿命了：在书店每本书大概只能放在销售台上三个星期，然后就换上新书……

速度导致瘫痪

慢速运动的宏伟目标是通过减速，防止人类"昏睡"过去。伊凡·伊利奇（Ivan Illich）批评工业社会，引入了"反生产率"（contre-productivité）的概念。只要超过一定的界限，很多东西会产生和人们最初设想相反的结果。为了具体说明这条理论，哲学家、工程师让－皮埃尔·迪皮伊（Jean-Pierre Dupuy）收集了相当多的数据。比如，驾驶汽车可能比骑自行车的效率更低，因为汽车司机除了驾驶时间之外还要加上汽车驾驶周边一切活动所需要的时间：工作赚钱才能买车、保养车、支付保险、给车加满汽油，等等。

正是由于这种"全面加速"，通过驾驶车辆行走的千米数与花在汽车上所有时间的比值，迪皮伊得出驾驶汽车比骑自行车效率更低的结论。和伊利奇一道，他们两人证明，和人们的通常想法相反，技术这里其实是适得其反的。速度可能导致减速，甚至瘫痪。

除了技术的例子之外，还可以找到其他例子证明速度的"反生产率"特性，比如组织机构方面的学校或者医院。在民主制度下，集中、审议、谈判都需要时间，需要考虑。雅克·艾吕尔提醒道："民主是缓慢的"，民主与加速互不相容。公共政策要经过讨论后实行，而且政策往往要在几年甚至几十年之后才能显现出效果。但是民众心情急切，要求立刻看到政策的结果。民众往往对这种缓慢的节奏失望，于是逐渐变得反对政治权力。在法国，总统从当选到支持率暴跌之间的时间变得越来越短，每一届总统都能打破上一届总统的纪录。总统任期改为五年之后，这种节奏变得更快。同样，因为政治权力被低支持率"没收"，不断加快的速度会导致国家瘫痪。

"精神疾病"

另外，由于没有任何东西能够长时间存留，各种事件越来越密集地接踵而至，不给人留下时间思考、理解，更不用提做出反应了。一件事情发生以后，人们几乎没有时间粗略浏览经过，这件事已经变成历史被丢在后边了。不断加快的速度让人无法看清事物，导致人们不能做任何事情。所以，慢速行动认为有必要放慢脚步，静下心来仔细咀嚼、理解，用另一种频率去应对事情。

而且，科学界在考虑研究的目的、自己社会角色的基础上，也开始全面加速。今天，由于学者必须取得成果，在这种压力的影响下，学者整天忙于出版作品、交流、成名，这些活动都变成了绊脚石，阻碍真正的智慧思考发展，不利于产生重要的科学发现。减慢速度为了走得更快，二十多年来科学界始终捍卫这种看似矛盾的理论，这样才能调和科研实践活动与目前各个机构急躁的心态。

现代生活的焦虑很多源自提高速度，因为一切求快让时间流逝变得更加明显。于是人们觉得人生苦短，感到沮丧、失望，每个人在日常生活中都会有这种体会。贝尔纳·沙尔波诺这样形容寻求快速的做法："它减少了人类的身体疾病，但是让精神疾病大增"。而"慢速运动"反对单纯追求进步，反对一切以速度为先的理念，所以大获成功。古罗马哲学家塞内卡（Sénèque）的名言值得深思："我们并没有获得短暂的人生，是我们的行为让人生变得短暂。"

"我们家附近可不能有这种东西！"
环境公平

    人类不断承受污染活动带来的恶果，呼吸住处附近工厂排放的毒烟，使用遭到化学品污染的河水，在美国，与二十世纪六十年代抗争传统一脉相承的少数族裔维权组织终于行动起来了。前边提到的污染现象并非由于无法掌控的天命：黑人、当地印第安人、拉丁族裔美国人为主组成的穷人群体生活在这些污染严重的地区，这里是现在我们所称遭受"环境影响"的地区。选择在这些地方建设工业并非偶然，而是经过了精心考虑。当初在美国土地上仔细规划，污染工业的区域远离精英阶级居住的范围，而正是这群精英做出了这样的规划，同时他们也是污染工业的最大受益者。

    很快，科学研究工作就证实了猜测：堆放危险物质的场所、污染物垃圾场都位于少数族裔的聚居地附近，尤其是黑人聚居地，当地黑人孩子血液遭受污染的风险是白人孩子风险的四倍。空气污染的危险程度，以及获得优质水的情况也差不多。所以，社会阶层不平等与生活环境的不平等之间存在联系。

环境公平的目的是寻求平等，让人们拥有平等享受生态环境的权利，如果出现不平等现象，就要帮助受害者获得补偿，并且弥补已经造成的恶果。生态不平等并不是自然数据，应该通过社会手段修正。而且这种不平等现象早已跨越国界，绝非某一国家独有，其中的利害关系极大。

不论是一个国家还是世界各国，人们以不平等的方式承受环境风险，以不平等的方式获得自然资源。这种不平等在穷人与富人之间、在主流文化族群和少数文化族群之间、在南半球和北半球之间都有体现。全球变暖更使得已有的问题雪上加霜，只要看看南北极的情况就一目了然，各种证据屡见不鲜。

在我们所处的时代始终存在一种思潮，认为经济危机与社会危机远比生态问题更重要。生态问题如同奢侈品，应该是有钱人在平安无事的时候思考的东西。这种观点站不住脚，研究分析显示，生态危机给贫困人口带来的影响更加严重，环境问题的不平等加剧了社会地位的不平等。所谓的环境问题不平等指的是不同社会阶层以不平等的方式获取自然资源，以不平等的方式遭受有害物质、环境危机的威胁。这种情况发生在每个国家的穷人与富人之间，发生在世界范围内的发达国家与不发达国家之间。

爱河（Love Canal）的垃圾

以公平的方式承担环境风险。

1962 年，生物学家蕾切尔·卡森（Rachel Carson）出版了《寂静的春天》（*Silent Spring*）一书，书中介绍了杀虫剂滴滴涕（DDT）在当时的使用情况〔诺贝尔医学奖甚至颁发给保罗·穆勒（Paul Muller），为了表彰他发现了这种农药的效力〕。而滴滴涕是一种严重致癌物，在人体和动物身上能够导致严重的后果。通过她的书籍，舆论发现了环境问题带来的社会后果、健康后果。这本书大获成功，农民工会展开各种抗议活动，最终这种农药被禁止使用。

后来在二十世纪七十年代爆发的其他丑闻给美国居民留下了深刻印象，比如在北卡罗来纳州沃伦市

（Warren）掩埋有毒垃圾事件、纽约州著名的爱河（Love Canal）事件。爱河原来是一块化学品垃圾场，后来在这片土地上建了学校和其他建筑。在居民中爆发严重健康问题后，当地报纸经过调查后揭露了事实真相。当局紧急疏散了住在那里的所有家庭，然后拆除了全部建筑，直到今天那里仍然是一片无人区。通过这一事件，首次把捍卫少数族裔权利的行为与环保工作联系起来。在美国，环保问题与种族问题关系紧密：很快人们清楚地发现，和其他群体相比，非洲裔与西班牙裔群体往往更多地暴露在不良环境的威胁之下。

酷暑与飓风

很明显，不论身处何地，穷人是更加脆弱的人群，在行动能力上没有和富人相等的能力，没有同样的空间组织能力与影响力，没有办法对自己居住的空间环境进行治理。穷人要组建成立协会或者政党也更加困难。

很多例子都能够证明上述观点。比如，2003 年席卷欧洲的酷暑导致很多老年人去世，热浪过后，法国的一项研究显示巴黎去世的相当一部分老人的经济、社会情况堪忧。2005 年美国路易斯安那州飓风卡特里娜（Katrina）过后，经观察发现新奥尔良最贫穷的人受灾最严重，富人在灾难来临时撤离或者生活在受到保护的街区。

在法国，城市部际代表团（Div）针对不同阶层暴露在工业危险因素下不平等的现象发表了几篇调查报道，受害者往往是敏感区域的城市居民。2001 年法国图卢兹氮肥工厂（AZF）爆炸，工厂距离平民街区和一所教育优先地区（Zep）中学 [①] 很近，这些都证明了这种不平等的存在。虽然类似的实例层出不穷，但是直到今天始终没有多少人关注这种环境不平等问题。

不平等的循环

环境不平等确确实实会引起社会后果，因为它改变了社会平衡，而且让这种不平衡愈发严重，而反过来社会原因又造成了环境不平等，这一切都是整个社会酿成的恶果。不平等与生态之间的关系远不止此。毫无疑问，贫困阻碍了消费与生产模式的发展，高质量的消费与生产无法进行。贫困家庭只能选择生态环境与社会环境堪忧的条件下生产的低价食物。绿色食品、当地生产的有机食品等，这些在环境得到保护前提下生产的食品价格

[①] 译者注：教育优先地区学校的学生多数来自社会底层民众的家庭。

过于昂贵，贫困家庭无法承担。这种食物仅仅可以提供给社会高层人士，消费群体数量较少，所以环保食物的产业无法发展起来。在社会阶层的最高端，由于高收入群体的消费模式问题，对于环境有严重危害，于是反过来又加重了浪费。

　　整体看来，住房、工作条件、受教育质量等所有的社会不平等现象加剧了环境不平等现象，反过来导致贫困人群更难获得资源，更容易受到有害物质的伤害，形成了恶性循环。在环境不平等与社会不平等之间，不公平的情况循环往复，因此哈佛大学的医生保罗·法默（Paul Farmer）提出"社会阶层割裂导致的生物学症状"。

仿佛踢皮球般相互推诿责任

　　今天众多国际组织同样担心环境不公平问题，世界银行在2012年的报告中呼吁各界关注这种危险，担心各种灾难降临贫穷国家产生的后果：极度酷热、粮食储备下降、海平面上升。人们普遍开始认识到这个问题，于是诞生了新的概念：环境公平。环境公平的目标是以公平的方式让所有人面对环境危险，平等负担环境危险预防责任与环境恢复的费用。

　　然而，尽管这是关系到未来的巨大挑战，但是各个国家仍然表现得自私自利，只看重眼前利益。哲学家卡特琳娜·拉海尔（Catherine Larrère）很好地描述了世界各国在签署环境不平等公约的时候，仿佛踢皮球一样相互推诿责任的情况。发达国家自从工业革命时代就开始大规模污染，现在发展中国家，尤其是非洲国家，以及太平洋岛国图瓦卢（Tuvalu）这样的岛屿国家可能会消失，这些国家正在为环境污染付出代价，最先承担了污染的恶果。然而，分担责任与费用问题并不简单。尽管发展中国家认为自己是发达国家行为的受害者，但问题在于确认发达国家要承担哪种责任。因为发达国家发展经济的时候并不能预见到产生的后果。而且现在生活在发达国家的居民已经不是产生污染的那一代人，没有人应该为他人的行为负责。另外，现在的环境问题和发展问题已经众所周知，发展中国家愿意承担责任的同时认为现在应该轮到自己发展经济了……

各种问题纠葛复杂，这也解释了为什么虽然情况危急，人类应该迅速做出反应，但是国际峰会的商讨仍然没有结果。现在人类承认的公平原则没有办法应对今天的挑战。面对生态挑战，现在的公平原则要应对两大难题：无法在空间上思考人类在空间的位置（自然除外）、无法在时间维度上思考（未来几代人除外）。

环境恶化、自然资源枯竭是我们面对的共同问题，这些本是人类需要分享的共有资源。当务之急是确定哪些是人类共有相对稀缺资源，并且如何分享这些资源。至于数量庞大的资源目前可以不必考虑这个问题，因为人们可以随意取用。只有在饮用水出现缺乏的时候，人类才自问饮用水的使用以及获取这种资源的不平等问题。今天，很多资源数量已经到了临界点，人类已经不能用增加开采量的方法保证所有人得到公平的分配。

比如自然资源等共有财产的严峻问题迫使人类重新考虑怎样实现社会平等。在目前的情况下，自由主义与社会主义思想半斤八两，都觉得实现公平的前提条件是拥有丰富大量的资源。但是当今世界的资源有限，所以为了实现公平原则不能继续寻求增加产量，必须找到另一条路。

有些人认为，将来可能要通过减少物质消费的方式公平地分配财富。所有人以公平的方式共同努力才能共同承担社会责任。应该限制浪费、更加公平地获得共有财产，无论如何，环境公平还是属于新形式的社会分配。

"捕猎的狼群赋予伟大的成吉思汗灵感"
狼

狼是一种与众不同的动物。狮子、老虎、猞猁、熊以及人类都是地球上的大型猎食动物。但是狼却属于独特的存在，人类与狼从远古时代就存在敌对竞争的关系，人类对狼既害怕，又憎恨，但仍不失敬意。很多游牧民族敬佩狼出色的智慧、成群结队的组织形式、捕猎时的灵敏嗅觉，同时尽力限制狼群的行动。蒙古帝国在十三世纪创立了从太平洋到地中海的辽阔疆域，蒙古帝国皇帝——强大的成吉思汗把狼作为标志：成吉思汗把战士按照捕猎狼群的方式排列。在其他的文明当中，比如美洲的内兹珀斯人（Nez-Percés）、极北之地的因纽特人都把狼当成自己民族的图腾，因为狼是出色的猎手，是榜样，当人类与狼猎捕同样的猎物时，狼就成了人类的竞争对手。

这种人与狼之间竞争的状态顺利地延续了几千年时间，后来人类饲养的家畜家禽变成狼的猎物，这时人与狼的矛盾变得不可调和。狼身为自由与野性的自然守护者，这时变成了人类的敌人。狼群攻击畜群，狼群垂涎的是人类的"私有财产"。

需要指出的是，在十八世纪和十九世纪，法国农村人口众多，几乎占据了乡村的全部空间。于是再也没有森林，没有大自然，野猪、狍子等各种野生动物不见了踪影，人类的扩张导致狼失去了曾经数量巨大的猎物，狼生活在恶化的环境当中。那时，狼开始袭击人类。当人类渴望控制大型猎食者的时候，人类对狼的恐惧随之出现。然后人类产生了对狼的憎恨，吃人的狼人等各种黑暗恐怖的故事诞生了，出现了从童话故事中脱胎出来的畏惧，自此，狼的恶名远播。这就注定了狼的消亡，二十世纪三十年代，狼在法国的土地上绝迹。

狼消失了几十年之后再次现身法国。这段时间里，法国农村人口减少，野外的绿地、野生动植物再次繁盛起来。1992年，有人在南阿尔卑斯山看到一对来自意大利的野狼。今天法国境内的野狼大约有250只，没有办法统计狼的精确数字。不过，狼造成的损失一目了然：仅2012年一年时间就有6000多头家畜被猎杀，遭到狼袭击的事件更加不胜枚举。在畜牧养殖户的压力之下，政府允许少量捕杀"法国境内的狼"，这项措施引起了动物保护机构的愤怒抗议，政府的这项措施违反了《伯尔尼公约》（la convention de Berne），公约中规定狼属于"严格受到保护的动物"。人与狼无法继续和平共处，这究竟是怎么回事？

在法国，狼处在很矛盾的境地。人类在最近几个世纪里与狼展开了斗争，当时法国人口的大多数是农民，几乎所有的土地都用于农业活动。大约 1930 年狼在法国灭绝，后来当狼在二十世纪九十年代重新出现的时候，法国三分之一的土地已经不再是耕地，而是返回到自然状态。大部分农村土地"重新变成原始状态"。森林要比一百年前面积更大，农村人口大幅减少。在这样的新环境里狼拥有更广阔的领地，但奇怪的是狼的袭击事件却越来越多。

因为周围的情况完全改变了。十九世纪的人类对于自己生活的乡村了如指掌，而今天的人类对自己的生活环境并不了解。人类已经不再了解狼了，而狼也不再了解人类。狼再次出现后，环境对于狼来说是完全陌生的。人与狼之间相互不了解，法国畜牧养殖户成了第一批受害者。

应该在人与狼之间建立共同的文化。

法国养殖户也是与狼共存恐惧的受害者。养殖户与环保主义者两大阵营相互敌对，彼此的立场不能调和。一方面，环保主义者认为狼神圣不可侵犯，要求人们尊重《伯尔尼公约》，公约中把狼列为受保护物种；另一方面，养殖户希望把狼除之而后快。在这两个极端之间，法国决定推出一套持续两年的折中方案，最终双方都不满意。因为狼袭击牲畜造成太大损失，畜牧养殖户强烈抗议的时候，政府发布政令，允许清除野狼。野生狼的数量究竟是多少并不清楚，这么做的目的是减少狼的数量。这种做法是把所有的狼当成了有害动物，而实际情况是在某些具体区域，一些狼的特定个体对牲畜有危害。捕杀野狼的政策完全没有效果，在其他国家从来没有见过类似的政策。奇怪的是，人与狼之间的这种关系仅仅见于法国，在美国、加拿大，法国的邻居意大利、西班牙，狼的数量更多，却没有遇到同样的困境，而且狼发动袭击的案例也更少。

狼来到一个全新的环境之后懂得如何适应环境，比如在加拿大安大略省（Ontario）发生的著名事件就充分说明了这一点。起初人们想要根除郊狼，后来反而导致郊狼数量增加。从东部来的狼回到自己在安大略省的领地，狼（loup）与郊狼（coyote）杂交，几年后出现了被称作"新郊狼（coyloup）"的新品种。和郊狼一样，这种动物不成群生活，但它们拥有狼的武器，可以表现得有攻击性，而且完全适应了城市生活，正在向城市蔓延。新郊狼穿过公园，沿着高速公路行走，但是人们通常抓不住它们。这种动物令人惊叹的能力与超强的适应性吸引着科学家们。这个例子证明，如果人类不理解、不适应自己创造的新环境，那么其他动物经过演化仍然可以适应新生的环境。

为了正确应对狼群的袭击，应该研究狼的行动特点，努力了解狼的行为。为此，应该活捉一头狼并给它做上标记。抓住一头狼首先会让它感到压力，让它把自己的焦虑传递给狼群。把狼做过标记释放以后，还可以远距离观察这头狼的行动，这样才能够明白狼群为什么会进入人的领地，把人饲养的牲畜作为猎物，才能进而采取正确行动阻止狼再次猎捕家畜。但是在法国人们并没有这么做，实际情况是出现了狼群攻击后，人类获得许可随机捕杀野狼作为报复。对此狼群如何理解？对于狼来说，它们发动攻击，成功捕获猎物，以后还会重复这样的行为……

如果希望与狼和平共处，必须要活捉狼。人与狼之间应该建立一种共同的文化，彼此接触。自然界中不同种类的猎食者就是通过这样的方式理解对方意图，划分各自的领地。但是，捕捉狼的行为必须在狼攻击家畜的时候进行。如果抓住狼之后，狼群仍然继续攻击家畜，那么在不得已的情况下，可能必须杀死一头狼，这样狼群就明白了攻击人类养的家畜风险太大，以后就不会轻易发动攻击。换句话说，这么做相当于"传递信息"。

与狼进行交流，是告诉狼哪些是不可逾越的红线。狼是一种社会性的动物。美国学者的研究显示了狼群中做出"政治"决策的过程：比如，一群狼面对其他狼群时，可能表现得勇猛凶狠，也可能彼此结成联盟。每个狼群都有自己的文化，会做出自己的选择。

另外，组成狼群的个体数量其实也是"政治"决策。狼群不会随机袭击猎物，狼群会根据猎物的种类（猎物数量、攻击的危险性、猎物体型大小）调整族群数量。如果要捕猎野牛，那么就需要二十几头狼组成的狼群；如果捕猎雄鹿，狼群只需要七八头狼；如果捕猎雌鹿，需要狼的数量更少。

和其他种类的动物相比，生态系统更需要狼，狼是生态系统的关键，因为狼能够调节、指导整个生态系统整体的组成。比如，狼能够迫使食草动物迁移，这样可以维护草场，防止有些地方草生长得过高容易引起火灾。狼的存在产生所谓的"营养级联"，改变了整个食物链、景观、环境组成，甚至河床也受到狼的影响。有人把狼称作森林医生，同样，狼促使环境与人类社会不断演化。

"化石跑到山顶上做什么？"

人类世与灾变说

仔细想想，《圣经》中记录的那场冲走各种动植物毁灭一切的大洪水①完全可能真实地发生过。诺亚尽自己的努力拯救了生物，未能登上诺亚方舟的动植物都消失了，没有任何生物能够对抗滔天的巨浪。通过这场洪水可见上帝之怒是多么的可怕。

洪水过后，所有种类的生物要重新开始。忘记人类今天在土地深处发现的化石吧，过一段时间这些生物又要经受一场毁天灭地的巨大灾难。这种灾难在6000年间出现了二十八次。爱尔兰大主教詹姆斯·乌雪（James

---

① 译者注：《圣经》故事中，上帝惩罚人类，让巨大洪水淹没了世界，诺亚遵从上帝的指示建造方舟，各种生物成对来到方舟上，与诺亚及其家人共同躲过了这场灾难。

Ussher）在十七世纪末经过计算发现上帝在公元前4004年10月22日星期六中午创造了地球，所以地球的年龄是6000岁。教会很欣赏他的学说，学者努力让自己的研究符合这种学说，因为研究的目的是揭开上帝创造世界的秘密，也是理解自然运行规律。比如，英国神学家、数学家威廉·惠斯顿（William Whiston）认为自己的发现与《圣经》的描述完全相符：世界的确是上帝在六天时间造就的，神的意志引导彗星，彗星是导致各种灾难的原因。公元前2349年11月18日一颗彗星扫过地球，于是发生了《圣经》中描述的大洪水。

还有些学者认为化石属于大洪水的遗迹，瑞士学者乔恩-雅各布·谢赫（Johann-Jakob Scheuchzer）拥有巨量的化石收藏，在欧洲专家中非常著名。谢赫认为，大洪水覆盖了整个地球，山峦也被淹没，这解释了为什么在山顶也可以找到海洋生物的化石。否则，怎样解释这种现象呢？在启蒙时代（Siècle des lumières），很多人仍然笃信灾变说，为此人们创立了具有一定学术可信度的理论。1795年初，乔治·居维叶（Georges Cuvier）在26岁的时候来到巴黎，他提出了灾变论，闻名世界。居维叶开始研究"四足动物"的化石，他坚信掌握了铁证，可以证明地球上曾经发生过巨大的灾难，所有的四足动物灭绝了："代替这些动物的新生代动物与它们完全不同，终将有一天这些新生代动物也将灭绝，被其他动物代替。"居维叶创立了他解释地球的理论——灾变论，这种理论在很长时间里都获得广泛认可。直到二十世纪出现了进化论后，灾变论才明显失去市场。当时人们大声疾呼："灾变论面前，弱小的生物付出惨重代价！"现在请重新回到理性思考上来，灾害和其他事物一样属于自然现象，都可以找到合理的解释。

1755 年诸圣瞻礼节①的早晨，葡萄牙的里斯本城发生了严重的地震，而后引发海啸。这场自然灾害过后，在法国引发了一场伏尔泰与卢梭之间的辩论，辩论的主题是谁应该为灾害负责。伏尔泰平时嘲笑那些总是把人世间的事情归结为神谕的人，他觉得这次灾难完全出于偶然。卢梭觉得是由于人类的原因导致了这场灾难。卢梭的观点是，地震的确是自然现象，但是由于人类在如此狭窄的地方建造了两万栋七层建筑才导致如此严重的伤亡："如果这座城市的居民能够更加分散居住，房子不要盖得那么高，损失会小得多，甚至没有伤亡。"

---

① 译者注：十一月一日，天主教传统节日。

现在我们已经进入了人类世，以当今的观点看来应该是卢梭赢得了这次争论。诺贝尔奖获得者保罗·克鲁岑把人类进入的新时代称为"人类世"，意味着人类成为地质演变的主要力量，人类比地质板块活动、火山爆发的力量更加强大。人类能够塑造地球景观，从海底的动植物群落到大气成分，人类是影响一切的首要因素。

今天，认为人类承受灾难的想法很有道理。

如果所有都是人类活动的结果，那么就不存在任何自然的东西了。汉娜·阿伦特在1958年出版《现代人的境况》（*Condition de l'homme moderne*）一书，当时人们还不能肯定气候变暖现象。阿伦特当时已经预见到：自然发生了变化，由于人类的活动自然现象变得不可预测。自从二十世纪开始，人类的力量达到了新高度，人类可以像以前影响历史一样影响自然。

这些成就可以让刚刚成为"理性代言人"的智人骄傲不已，然而，我们释放了很多无法控制的力量。由于人类的活动导致连锁反应，产生了人类自己意想不到的结果。现代社会割裂了自然与文化，实质的事物荡然无存。甚至对于干旱、降雨、火灾、台风、龙卷风等现象，我们已经很难把它们定义成"自然"现象了。如果说人类活动导致温室效应，温室效应导致一系列自然灾害，那么完全可以把这些自然灾害的发生归咎于人类。

科学焦虑

广岛原子弹爆炸成为了一个转折点，自从使用了原子弹后，人类对于宗教界描述的末日恐惧转移到科学界中。包括爱因斯坦在内的很多科学家在原子弹爆炸后开始深刻反省，自己的科研成果究竟能造成什么样的影响。人类开始意识到自己使用科技的行为可能给环境和人类自己造成怎样的危害。于是很多科学家开始发表既属于"环保"又属于"灾变论"的观点，因为他们既强调科技对生命与环境的毁灭性影响，又警示人类，表达自己的焦虑和担忧。

自从二十世纪五十年代，已经有零星的科学家警告世人，其中一些警告令人印象深刻。比如生物学家蕾切尔·卡森揭露杀虫剂的危害，她的警告获得巨大反响；后来成为国家自然历史博物馆馆长的鸟类学家让·多斯特（Jean Dorst）出版了《在自然死亡之前》（*Avant que Nature meure*）向人们发出警告。

今天，越来越多的科学家尽全力告诫公众，人类面临自我毁灭的危险。马丁·里斯（Martin Rees）爵士等英国皇家学会（Royal Society）、英国科学院（Académie des sciences britanniques）的知名科学家在 2003 年出版了《我们最后的世纪》（*Notre dernier siècle*），史蒂芬·霍金（Stephen Hawking）也向人类频频发出警告，这样的科学家现在已经不在少数。跨政府气候演化组织（Giec）等众多机构对人类的未来公开表示担忧。

理性灾变论

灾变论的理论正在走向理性，哲学家让-皮埃尔·迪皮伊（Jean-Pierre Dupuy）赞同这种看法。有人指责写出《责任原则》一书的德国哲学家汉斯·乔纳斯是"灾难预言家"。而迪皮伊提出"灾变论照亮前路"的名句，以此反驳他们。让-皮埃尔·迪皮伊努力证明，当下人们认为自己走向灾难的想法非常有道理。为了证明自己的理论，他举了美国逻辑学家维拉德·蒯因（Willard Quine）讲的小故事作为例子：

假设有一名刚刚被判死刑的罪犯，别人告知他将在下周星期一到星期日之间某一天早晨接受绞刑，然后还告诉他：当别人找他行刑的时候，他一定会很吃惊。于是这名罪犯会根据掌握的这些零散信息进行推理，猜测在星期几受刑。罪犯会这样推断：不会在星期日行刑，因为如果是星期日，他就会在一个星期的前六天始终等待，于是只剩下星期日，所以那一天行刑他绝不会感到吃惊。那么也不会是星期六，因为排除了星期日，同样的推理逻辑也可以用于星期六，以此类推，也不会是星期五，不会是星期四……这样一直排除到星期一。于是罪犯得出结论，下周他不会被执行死刑。

最后，星期四早晨当狱卒带他去受刑的时候，罪犯一定很吃惊。

这个故事有什么意义？超过一定界限，过分理性反而没有效率，会损害智力，甚至让人疯狂。二十世纪就是科学与理性迅速发展的年代，也正是在这个时代催生了大量的残暴事件，难道不是吗？

灾变论绝不是非理性的产物，它让人们保持警惕。我们应该关注灾变论，预防灾难发生，散文作家古德尔·安德尔（Günther Anders）写道，人类"面对末日仍然视而不见"，我们必须预防这种情况发生。生态学的目的是摘下人类的蒙眼布，防止人类直接撞在横亘在面前的墙上，这种行为可以称作"唤醒人类"。人类为什么会失去理性盲目前进，就这个问题曾经展开过多次讨论。其中一个重要原因是认知失调（dissonance cognitive），即无意识地否认与自己生活模式相矛盾的信息。另外，由于世界各国的政治机构、社会组织、个人分工都极度专业化，每个机构与个人只负责自己狭窄专业领域的内容，人们无法看到大势所趋。这些因素都导致个人没有办法预见日积月累的人类活动可能造成的最终后果。

"善意的专制"

在二十世纪的后半叶，法国生态学的重要学者根本不赞同"灾变论"，他们甚至质疑一些科学家提出环境遭到破坏的理论。比如塞尔日·莫斯科维奇（Serge Moscovici）、伊凡·伊利奇（Ivan Illich）、安德烈·戈尔兹（André Gorz）都没有把科学结论政治化。相反，他们担心各领域专家的研究左右政治发展方向，因为他们觉得那样的话会损害民主制度 - 建立官僚体系、科学专家"没收"公共权力。在科学为王的世界里，"掌握科学的人掌握权力"（塞尔日·莫斯科维奇）。这种情况只会导致出现"专家管理制度"（安德烈·戈尔兹），而"公民则把权力转让给专家，因为只有专家是唯一有能力的人群"（伊凡·伊利奇）。

当时，法国的生态学家担心公众一直不被重视的时候，莱茵河另一边的德国，以汉斯·乔纳斯（Hans

Jonas）为中心的很多学者，比如古德尔·安德尔（Günther Anders）、汉娜·阿伦特（Hannah Arendt），以及一部分法兰克福学派学者正做出相反的论断。汉斯·乔纳斯甚至公开提出实行"善意的专制"、科技民主、科学专政这样的言论，只有如此才能避免人类自我毁灭。汉斯·乔纳斯怀疑凭借民主政体的能力是否可以应对环境危机。现在看来，这场法国与德国学者之间的辩论最终以德国获胜而告终。因为现在得到公认，人们的环保意识、科学知识都已经进入了民主政体，成为了生态问题的关键。

"风中的绵羊毛与洗衣机中的雨水……"

融入自然的住宅

　　一些独户房屋与公寓楼的窗户朝向有利于接收自然阳光与热量，在这些建筑的南侧种植树木，夏季浓荫蔽日可以遮挡阳光，保持房间凉爽；冬季树叶凋零只剩树枝树干，阳光能够射进房间。北侧种植球果类树木或者非落叶树木遮挡寒风。

　　为了建筑这样的房子，建筑师要仔细考虑隔热保暖措施，使用双层或者三层玻璃、玻璃棉、干草、木头、绵羊毛等材料。还需要注意使用没有毒性的油漆和胶，把房屋设计成具备回收利用雨水的功能，雨水用于洗衣机、洗涮、浇灌花园，有时可以在房顶建造植物花园。

　　这类房屋属于生态建筑，生态建筑的特点是使用各种方法在较小的范围创建"可持续"生活的空间。生态建筑的目的不仅是节省能源，而且还要走得更远。比如，使用革新的技术或者古老建筑方法，使用出乎意料的建筑材料，改变传统的建筑图纸设计，发明新用途。用尽可能灵活的方式减少建筑对子孙后代的不利影响，让建筑适应自然环境。

在所有可持续发展建筑师的翘楚当中，法国建筑师弗朗索瓦丝 - 伊莲娜 · 茹尔达（Françoise-Hélène Jourda）当属先驱人物。很久以来，她强调建筑师应该注意承担社会责任，使用各种建筑手段时不仅应该考虑建筑本身，还应该考虑其他人：邻居、附近街区的居民、全地球的居民。建筑师必须深思熟虑：为什么在这里用这种材料？在法国，只有25%的建筑师接受过可持续发展建筑的技术培训。

有时，居民同样有机会参与到房屋设计中来，并且对公共空间进行日常管理。居民们会脱离通常的考虑范畴，对设计有其他方面的设想，比如：不同社会阶层混居、几代人的居住关系、街区生活。

这种邀请居民参与设计的现象首先出现在北欧国家，虽然发展缓慢，但是已经引起包括法国在内的其他国家的兴趣。除了改善生活环境之外，还有助于实体经济发展。

可以把社会保障性住房建成介于个人住房与集体住

房之间的可持续发展住房，这或许是一条很有前途的道路。有些人很看好这种思路，但仍有很多人觉得这不过是另一个乌托邦式的梦想而已。

建筑和城市化不久之后可能会迎来新的演变，更多地考虑到环境因素以及其他生活上的限制。欧洲一些城市和其他地方的很多实例已经给我们指明了道路。尽管如此，这种环保建筑仍然为数不多，尤其是很多人觉得没有必要建造这种建筑。

环保街区的建设非常有意义。环保街区的建设标准与目的在于：各个社会阶层的居民混居，保证一定的城市建筑密度，节能，甚至可以生产可再生能源，达到自给自足的程度，隔热保温，使用木材等环保建筑材料，在房顶种植植物，等等。

以不同的方式生活，这是建筑和城市化成功的关键。

衣服烘干机、第二辆汽车

问题的关键在于很美好的意愿可能被最后的恶果扫荡殆尽，比如，通过糟糕的方式使用最尖端的科技：在房顶安装太阳能电池板时没有优化电池板的方向，电池板不能面向南方尽可能多地接受太阳光。在进行建筑设计的时候，就应该考虑到可持续发展问题。

居民本身的行为同样至关重要。如果节能环保的计划被用于消费，那么建设环保街区的方案就可能破产。比如，人们会想："既然我消耗的能源少了，那么我的花费就变少了，省下来的钱可以买一台衣服烘干机或者第二辆汽车"。类似这样的思考方式导致建设环保街区后，碳排放并没有减少。

只有改变生活方式才是环保建筑与城市化可持续发展的关键。我们可以学习瑞士，要求居民签署合同，每位居民都承诺保证低碳环保的个人行为。同时，政府和公共部门也要负起责任，鼓励居民，优化各种设施，通过城市改造、交通改造、公共服务、绿地建设等措施，让居民更加容易养成环保的习惯。

"智能"解决环保问题的方法

2014 年 10 月，法国政府收到了一份报告，报告中邀请地方政府走出"法国本土"的思维，更多地参与到欧洲的环保计划当中去。欧盟委员会在同年 12 月发出号召，请公众提交方案，在与地方政府、大学、各个企业合作的基础上找到"智能"解决环保问题的方法。这里指的是大规模合作项目，比如"零能源消耗或者低能源消耗街区，管理电网与公路照明等交通系统、能源系统、基础设施的数字解决方案，数字网络"；以及电动汽车、柔性交通^①等城市交通方面的项目。

当然，在所有革新中新科技都占据了决定性地位，同时也要注意不要掉入报告中所称的"单纯追求环保技术而忽视居民和用户体验"的陷阱。这样的危险切实存在，通过商讨、交流、做好预防还是可以避免这种情况发生的。预防工作非常重要，世界各国在选择关键项目的时候，都存在单纯关注科技革新、忽视社会效益的倾向。

捕捉光线与热量

可持续建筑的根本目的在于保证一栋建筑在生命周期内尽可能有效地利用能量。出色的隔热措施必不可少，另外还需要革新性强、有效的热量回收技术。比如，防止热量通过下水、换气装置、垃圾丧失出去，应该从污水、污浊空气中捕捉热量，重新注入流进房屋的新鲜空气和冷水中，把住宅垃圾发酵用作园艺等用途。实现上

---

① 译者注：法国的"柔性交通（circulation douce）"指环保的出行方式，比如步行、残疾人乘坐轮椅出行、骑自行车、使用滑轮。

述目标的技术手段已经存在。

一栋"可持续发展"的房屋是什么样子的呢？原则上说这样的房屋不会太大、单层，主房侧翼没有房屋，房屋的整个体积较小，防止热量损耗。窗子的朝向有利于捕捉光线与热量，窗户有双层或者三层玻璃，配备百叶窗和遮阳板，朝南的窗户比朝北的窗户数量多。而且，经过仔细观察，在设计建造过程中房屋要避风。在寒冷地区和南半球，很多居民按照传统建筑方式修建的房屋都有避风的功能。

新型城市规划

太阳能是环保建筑非常重要的组成部分，在包括发展中国家在内的很多国家里，住房的房顶上都安装有太阳能电池板，而且技术越来越先进。比如在白天太阳能电池板可以随着阳光的移动改变方向。另外，家用风力发电机或者大型风力发电机可以提供必需的能源。

即使这些设备非常节能，但是迟早会遇到原料短缺的问题。比如，磁铁是风力发电机正常运行的原料，如果将来地球上磁铁矿蕴藏量不足，就无法供给所有风力发电机……

不论环保建筑的大小如何、建造目的是什么，它们都不能割裂与周围建筑的关系独立存在。这是未来几十年里可持续发展建筑面临的挑战。单凭建筑自己无法应对，因为这涉及全新的城市整体规划。新的城市布局必须紧凑，不应该过度大面积扩张，也不应该到处建筑高耸入云的大厦。关键在于重新组织街区的社会生活，给当地经济发展最好的机会，这样才能减少不必要的市内远距离跋涉。

"泡泡"房屋

但是重新组织社会生活不应该阻碍人类设计在城市以外的别样居住方式。通过创造新型居住方式更好地融入景色中，居住在自然之中。"埋葬"传统房屋，把房屋表面用植物包裹，目的是让房屋变得更加具备"生物气候"特色。对一些人来说，这种房屋还有另外的好处：尽可能从视觉上减少房屋对环境的影响。这样，房屋并不碍眼，甚至完全消失，成为自然环境的一部分。比如，匈牙利建筑师安蒂·洛瓦格（Antti Lovag）发明了泡泡房屋，这种房子颇有二十世纪七十年代的风格。被称作"居住专家"的安蒂·洛瓦格重新把曲线引入建筑，这样设计出来的建筑物可以更好地搭配周围风景，因为自然风景中不存在纯粹的直线！

其实人类在不同的时代、不同的地区都以不同的方式居住在自然当中。我们根据各代表的角色在自然环境里创造了社会组织。德国伟大的哲学家彼得·斯洛特戴克（Peter Sloterdijk）通过居所外形与居住方式重新回看科学、哲学历史。他的三部曲作品命名为《球体》（*Sphères*），三卷的名字分别是《气泡》（*Bulles*）、《球》（*Globes*）、《泡沫》（*Écumes*）。这些词很好地总结了历史上代表世界的三种基本形式。

"我们吃惊地发现 LED 灯模仿的是萤火虫"

仿生学

几十亿年前，大约四十亿年前吧，随着最原始细菌的诞生，地球上的生命采取了各种各样的生存战略，组合、摒弃、发明各种生存方法，有时也会犯下错误，最终找到最合适的技能，然后代代流传下去。对人类来说生物界是个非凡的实验室，众多无可争议的成功例子深深吸引着人类，让人类羡慕不已。鸟类飞翔，那么我们应该尝试如何做得更好，如何飞得更高更远。利奥纳多·达·芬奇（Léonard de Vinci）长时间观察蜻蜓如何飞翔，观察鸟类怎样起飞、降落，后来才设计出著名的飞行器图纸。

这就是仿生学：模仿生物的科学。仿生学一词在很晚的时候，二十世纪末才出现，基本操作始终如一：学习自然界的"最佳创意"。我们可以看到动植物不同凡响的创造能力。人类应该去了解动植物的特殊性质、形态、组织方法，然后找到方法学习过来，之后用来处理人类日常生活中的麻烦，解决极度复杂的难题。学好仿生学的重要品质是好奇心与谦虚，而这些正是优秀科研人员必不可少的品质。

比如，蚊子叮咬令人头痛不已，而两家日本企业依据蚊子尖喙的外形发明了新型无痛针头，普通的针头是圆柱状，而这种针头呈现圆锥形。这种无痛针头在2005年上市以后，已经销售了数百万支。

萤火虫是夏天夜晚的一道靓丽风景，它们小小的腹部覆盖着锯齿状鳞片，这让它们身体的这个部分透光，这就是萤火虫身体可以发光的秘密。根据这种特性可以提高LED灯性能。来自不同国家的科研人员组成了一支团队，他们正在就此课题进行研究：把LED灯表面做成仿制萤火虫腹部鳞片的材质，科学家认为这样可以让光线质量提高50%以上。

荷花、睡莲的叶子为防水材料的研发做出了很大贡献，浴室墙壁、飞行器玻璃的保护层都需要使用防水材料。当水落到这样的材料表面上，立刻形成水珠滚落，而不会浸湿材料本身。扇贝在海水中能够合成粘纤维，这给生产黏胶的商家带来了不少灵感。蜘蛛丝的坚韧、珊瑚的坚固都给仿生学做出了很大贡献,而且自然界还存在许许多多的奇迹,仿生学当前的发展刚刚开始……

仿生学研究的内容是模仿自然,是把自然界创意转化成有效科技的途径。越来越多的科学家、企业家、未来学家……还有政治家都开始关注仿生学,但是并非所有人对此都抱有高度的热情。

对于仿生学拥护者来说,仿生学的出现是"未来的希望",仿生学让人们用另外的方法进行研究工作。科研工作者尽可能模仿自然,发明出革新性强、低耗能源、少用原料、清洁无污染的新技术。仿生学领域正在蓬勃发展,大量公司已经选择符合新时代工业要求的仿生学技术,投资实验室,在各个不同领域进行项目研发。

"才华横溢的大自然"

蟾蜍的叫声可以改善无线网络。

美国自然学家詹妮娜·M.贝尼尤斯(Janine M. Benyus)自从1997年开始研究、定义仿生学。她在仿生学领域所著的第一本书名叫《仿生学:当自然为可持续发展革新提供灵感时》，2011 年在法国出版。书中，她请读者把自然看成"范本、测量器、导师"，自然是生态模式的范本。她观察到，自然使用太阳能时绝不浪费，不但不丢弃任何东西，而且还可以循环利用。尤其值得注意的是，千万年来，大自然始终适应各种外部条件的限制，永不停歇地革新。詹妮娜·M.贝尼尤斯坚信："工程师、团体、企业面对的所有难题，世界上已经存在的三千万种生物很可能都面对过"，大自然或许已经找到了答案。人类为什么不从才华横溢的大自然中汲取灵感呢？建筑师、城市规划师、工程师、科学家都应该仔细观察自然界提供的范本，"拷贝"这些范本，再设计出各种产品与服务。而且，根据自然设计出的成果尊重大地上的生物，能够保护环境，甚至有利于"各种形式的生物"发展繁荣。大自然使用的"适应性"技术在生命演化中产生，已经实践了四十亿年。

"谦虚与好奇"

詹妮娜·M.贝尼尤斯的工作引起了公众广泛关注，于是，她 2005 年在美国创建了仿生学研究院（Biomimicry Institute），通过这个机构传播相关思想，而且很快找到了欧洲同行——欧洲仿生所（Biomimicry

Europa）。这项活动开展后，围绕着仿生学概念诞生了大批研究中心、协会，在美国、日本、欧洲等地，往往是政府支持这些机构的发展。国际仿生学同盟（Biokon International）在2001年成立，这是一个集合了法国、德国等若干国家和地区三十多家实验室、研究所、研究中心、大学的国际网络。

成立同盟的目的是联合所有力量，同时向企业界表明仿生学的潜力。欧洲仿生学研究中心（Centre européen d'excellence en biomimétisme）位于法国城市桑利斯（Senlis），该机构全面投入仿生学研究，希望获得世界承认，成为仿生学的圣地。对于中心来说，"仿生学已经不仅仅是一门科学或者课程，仿生学代表了谦虚与好奇"。在桑利斯生态园里，很多正在进行和已经完成的项目名称颇具诗意，而且很能激起人的求知欲，比如："蟾蜍的叫声可以改善无线网络""抗寄生虫的巢""蜻蜓的角质层万岁（模仿蜻蜓角质层可以解决飞机抗震）！""蜗牛纠缠生态环保（蜗牛智能吸尘器）！"。

鲸之心

仿生学之所以能够大规模在企业、政府中引起极大兴趣，是因为革新在二十一世纪已经变得至关重要。要发明高效率新成果，不断找到新的发展方向，仿生学为人类开启了一扇通往无尽宇宙的大门。

但是，仿生学的发展与潜力开发还要依靠新科技的进步，比如，纳米科技。纳米科技获得大量投资，取得丰硕的研究成果，宣告科学界革命的到来。研究纳米科技的实验室通过模仿自然界得到了一些激动人心的成果。

比如，研究荷花的叶子时，发现荷叶从不会被弄脏、弄湿，水与灰尘都无法附着在荷叶上。观察后得出结论，荷叶表面像地毯一样覆盖有纳米级别的极细微的小绒毛，这些绒毛让灰尘、水滴无法立足。人类如果想制造类似的材料，需要在原子级别进行操作，以荷叶为原型制造防尘防水的玻璃。

哥伦比亚一个研究项目的负责人在完全不同的领域有了重大发现，他的研究对象是座头鲸（baleines à bosse）。鲸这种大型哺乳动物的心脏重量可以达到一吨，心率极慢，每分钟跳动3到4次。他想知道在这种情况下鲸的心脏怎么能够射出"相当于六个浴缸容积"的巨量含氧血液，让血液进入巨大的循环系统。经过检查，这位科学家发现了纳米原纤维网络，通过这个网络，电信号可以穿过为了保暖而生的肥厚的脂肪层，刺激心脏跳动。这项研究成果可以应用在起搏器与电池上，在类似鲸体内纳米原纤维网络的纳米导线的引导下，刺激患者心脏以正常心率搏动，让心脏病患者从中受益。

风力发电机的桨叶

座头鲸的确是仿生学中赋予人类灵感的优秀来源，这里再举一个例子。科学家很久以来有一个假设：座头鲸凭借主鳍上生长的"额外突起"才能够在水中如此灵活。科学家终于通过数学模型证实了这些额外突起在流体力学上的积极作用。于是，把座头鲸的鳍作为原型，改造风力发电机的桨叶，提高风力发电机性能。这些"额外突起"可以大量降低桨叶的噪声，增强稳定性，更高效地获得风能。

自然界中很多地方都体现出高效应用。由于演化、突变、适应，生物不断进行革新。几十亿年以来，时间通过自然选择，促使大自然发明了各种策略，保证自然系统维持高效运行。通过自然选择，生物做出了不可计数的发明创造，有些被遗忘，有些被抛弃，只有最有效的发明才存留至今。所以人类应该模仿生物，仿生学不是一项技术，它没有任何危险。仿生学是一种方法，一种在应该寻找的地方寻找诀窍的方法。很多时候人类模仿生物而不自知，在发明完成之后才惊奇地发现大自然很早以前就成功开发了"我们的"科研成果！

"全部回收利用"

但是仿生学并不是可持续发展的保证。"自然界的发明"如果离开具体的环境完全有可能失去它的环保价值。如果使用的材料没有进入"循环过程",不能够完全回收利用,那么根据仿生学获得的研究成果完全可能对环境有害。所以必须非常仔细地研究分析每项发明成果,詹妮娜·M.贝尼尤斯也在强调这一点:自然告诉我们一切都可以循环利用,自然不会浪费,不会丢弃,不会产生垃圾。所以在最初设计的时候就应该考虑使用哪些资源,消耗多少能量,怎样节约原料,如何回收再利用。

这一点上大自然还可以给人类灵感。比如有科学家研究根据光合作用原理,消耗能量较少,需要原料(硅)较少的太阳能电池板,使用有感光色素的太阳能电池。这种方法大有前途,可以解决目前回收太阳能电池板的问题。尽管如此,我们仍然没有办法完美地模仿自然,不能达到"全部回收利用"的程度。英国巴斯(Bath)大学的科学家比较了人类与自然对相同问题采取的不同解决方法:人类与自然之解决方法间只存在12%的相似度。也就是说仿生学的未来仍然存在极大的进步空间与革新领域,这也同样造就了仿生学的魅力。

"用铝代替金，利润可观！"

实用性经济

    1991 年的一天，一家生产、销售复印机的企业——施乐公司（Xerox）决定更新换代全部机器，他们遇到了一个难题：很难让客户接受由于技术进步导致成本上升产生的费用，没办法用适当的价格销售新产品。

    而且，要丢弃的旧型号复印机仍然功能完好，需要扔掉的还有价格不菲的电子设备。于是，公司要求动员全体设计团队、工程师、保安、销售人员共同思考，通过什么方法能够延长复印机的寿命以及公司所有产品的寿命。最终完全达到了预期目的：几个月的时间里，大家研发出了固定系统，能够迅速方便地拆解机器；不同机器之间 90% 的零件可以互换使用；用价格低廉的铝或者铅代替昂贵的金；选择特定的墨，这样用清水与肥皂可以容易地清洗机器。最终，这次复印机型号更换的活动产生了每年数亿元的利润。

接下来的工作是如何组织循环利用复印机，这项工作又催生了新的革新：企业不再销售复印机本身，而是销售使用权，也就是说根据每次打印的张数收费。施乐公司在法国发明了实用性经济。

二十五年后，这种有节制、可持续发展的经济终于吸引了众多企业。危机的关键在此，应该减少消耗原材料、降低污染物排放量，不再销售产品本身，而是销售使用权。这种想法非常吸引人。不少公司实践了这种想法，并且大获成功。比如，米其林（Michelin）公司的销售产品不再是著名的耐用轮胎，而是卡车行驶的千米数，米其林公司与运输公司签订合同，米其林的维修团队回收使用过的轮胎后翻新，然后返还给运输公司，以此类推。

通过这种方法，企业与客户签订长期合同，客户得到保障可以一直使用状态完好的产品，买卖双方都从中获利。再举一个例子：一家企业生产控制植物病害的产品，但是产品有污染性，于是公司彻底改变了运营方式。现在，这家公司根据农民客户的需求，依据每个客户需要维护农田的公顷数收费。公司使用对环境无害的方式，引入天敌昆虫捕食农田里的寄生虫。这是一项收费的环保服务，有利于可持续发展。农民与企业都很满意。另外一家企业生产含氯溶液，这种溶液很危险，非常不受欢迎。这家企业预感到今后可能会出台法律法规禁止使用这些产品，于是研发了一种使用生物方法去除机械部件上的油污的产品，效果非常好。于是，这家公司不必再生产有害的溶液，而且收入明显上升！

这种模式非常新颖，尽管目前还处在企业凭借直觉实施的阶段，但是已经彻底改变了传统的战略规划、管理方法、商业策略。在走上这条新路之前，应该小心谨慎，考虑好应对额外支出的方法，尤其是对于人力的需求。但这种新模式可以"完美运行"。

当谈到实用性经济的时候，首先必须说明这种经济模式只涉及制造业产品，不涉及服务、可消耗产品、食品，因为这些产品无法出租。所以尽管仅仅包括整体经济的一小部分，但是其总量仍然不可忽视。

通过共享自行车、书籍、复印机、轮胎等产品，可以看到实用性经济非常有效。在这种经济模式下，人们并不"拥有"所使用的物品，所以很多人对此不满意。可以共享的产品非常多，比如：衣服、汽车、电子产品，等等。人们对此不适应其实是源于文化、社会、经济方面的问题，让人们的思维方式转变需要时间。很明显，这种新形式的经济正在走进我们的生活，值得我们对它仔细研究。

决定采用实用性经济策略的企业接受了完全创新的经营策略，这种新策略与传统策略彻底决裂，很多情况下两种策略会在相当一段时间里共存。这些企业察觉到以前使用的长期策略的局限性：施乐公司觉得处理在寿命末期的产品成本过于高昂；生产有毒溶剂的企业看到了未来的威胁，自己公司的产品可能会被禁止销售。于是，这些企业"不再销售产品，而是销售能够代替产品完成所有实用功能的服务"。

放弃拥有自己想要的东西并不容易。

而且，通过这种转变企业进入了良性循环，企业经营方式改变后，污染变少，消耗的资源、原料、能源都相应减少。这种对环境有利的方式使得实用性经济与其他常见的消费形式相比表现出明显的与众不同。不过，把销售转为租赁的形式并非永远代表可持续发展。

计划报废

由于企业不再销售产品而是销售产品所提供的服务，所以企业为了自己的利益一定会让产品尽可能长时间地"存活"。企业会涉及各种维护措施，使产品正常运行而不发生故障。一旦故障出现，需要修理、拆卸、重新组装，而且尽量不浪费任何零件，节约各种开销。这是环保设计原则，和我们当前所看到的"计划报废"做法完全相反。计划报废的做法得到广泛应用，也就是说计算产品的使用寿命，这个寿命要足够长，这样才能有竞争力……但是又要不能太长，这样才有利于推出更新换代的产品！一些国家的政府开始注意这种不道德的做法，考虑怎样做才能预防"计划报废"。

实用性经济的确存在优势，但是让这种经济形式广泛发展仍存在不少障碍：首先，最初的产品投入需要大量资金，而且在内部组织、管理形式、市场营销、人力资源管理方面需要深度变动的时候同样需要资金。为了与原来的经济模式彻底决裂，企业会寻找其他方面的收入来平衡大量的初期投入和运营花费。尽管出租或者共享的产品仍然属于企业，算是企业资本的一部分，但是要想让这种模式得到成功推广仍然有很长的路要走。

政府部门将来可以在这方面帮助企业，鼓励企业。而且这种经济模式不仅能够带来环保效益，还能够拉动经济效益和社会效益，尤其可以创造工作岗位。因为企业租赁产品的维护工作、直接面对客户的客服工作都需要劳动力。

革命性的交通工具

实用性经济还可以呈现出其他形式，比如，公司与一个或者若干个合作伙伴携手，开发产品租赁业务。或者与地方政府合作，在地方公民集体生活的各个方面进行革新。例如，巴黎的"自由汽车"（Autolib'）服务，为居民和游客提供全新的交通方式。合作伙伴有企业、设计师、政治决策者，这个项目的合作企业都是环保企业。为了成功，应该把该项目纳入法国境内更大型的生态循环计划。

由于没有销售产品或者任何形式的服务，而且项目持续时间长，所以签署合同变得很重要。对于企业来说保证客户的忠诚度是成功的关键，"那是双重保证：对于消费者来说是质量的保证，对于企业来说是长期业务的保证。"合同持续时间越长，提供产品的企业越有时间收回投资，投入越久，这种形式的经济收益越大。

为了让产品长时间保证价值，应该保护产品防止受损，因为使用者并不拥有产品，所以不会小心呵护产品。这种危险的确存在，不过通过广泛宣传，让大众了解情况以后，可以降低这种危险。比如，2007 年巴黎市政府与城市交通企业合作推出自由使用自行车的服务："自助自行车"（Vélib'），就是通过宣传改变了自行车损耗情况。"自助自行车"投入服务之初有人破坏自行车，宣传不久之后，破坏活动比第一个月减少了 50%。

社会地位的标志

另外，人拥有的商品是社会地位的象征。从整体上来看，这一点可能是实用性经济实现全面成功、长期存在的障碍，绝对不容忽视。正如人们所说，实用性经济的出现不仅仅是技术与组织的革新，也是社会与文化的革新，因为人们要放弃拥有自己想要的东西并不容易。的确，这样可以减少支出，但是同时也会让消费者不知所措。在社会上，人们已经习惯了通过拥有的东西展示自己的价值，用昂贵的物品标榜个人身份："人们拥有物品是财富、成功、他人承认的外在象征，是社会地位的标志"。人们可能害怕放弃物品的这种功能。整个法国是一个消费社会，继承了法国经济迅速发展的"黄金三十年"（Trente Glorieuses）时代特征，供给的商品过度丰富。如果接受实用性经济这种模式，那么就需要学习另外的消费模式，使用设计使用年限很久的商品，与他人共享……

纽约旅行

尽管实用性经济非常必要，但是仍然无法独自应对环境挑战。很明显，如果实用性经济成功让整个社会变得朴素，但是人们在消费方面仍然保持增长，那么最终的结果可能是劳而无功。比如，人们习惯长期使用共享汽车、共享复印机，但是，人们开车走过的距离越来越长，复印的纸张越来越多，最终结果对于环境来说仍然非常沉重！

反弹的后果可能很严重：当人们不再拥有自己汽车的时候，就不再需要花钱维护汽车，买汽车保险，于是人们把剩下的钱用在旅游上，跑去纽约度周末，两者综合后的结果并没有保护环境。可见世事纷繁复杂，环保道路任重道远！

"工作是酷刑、是娱乐，还是防止人类感觉无聊而创造的休闲方式，应该做出选择"

工作的演化

法语的"工作（travail）"一词来自拉丁语"tripalium"，指的是三根钉在地上用于囚禁、限制自由的木桩，也是一种刑具。很多人愿意把"工作"与其拉丁文词源联系在一起，不少名词解释也把这个词最初的意义收录进去，但大家往往都忘记了这三根木桩的最初用途：当给马钉蹄铁或者治疗的时候固定躁动不安的马匹。在古法语里，"工作"一词与折磨、痛苦关系紧密。

自从古代开始，不论是古希腊人还是古罗马人，艰苦的工作完全由奴隶承担。奴隶要从事农业生产、家务劳动等各种对于全体公民有用的苦差事。自由人进行更舒适的活动，他们的工作只是满足自己的需要而不是为了他人，公民的工作不应该受到限制和强迫。而且，哲学家的工作是针对世界发表并且写下各种论点，天文学家的工作是观察星空，这些工作使他们成为自由人中的翘楚，青史留名。

柏拉图（Platon）在他的著名作品《理想国》（*La République*）中有一段苏格拉底（Socrate）与阿迪芒特（Adimante）的对话，捍卫这种工作分工的做法，并进一步阐明了原因。柏拉图认为职业分工对城市的正常运转来说必不可少，苏格拉底也说过这样的话："人们大规模生产的时候产品质量更好、生产起来更容易。根据每个人的能力在适当的时间进行适当的工作，这样会节省出其他的人力。"应该对手工业者、农民、纺织工表示敬意，因为他们的辛勤劳动使得一些崇高的职业活动得到繁荣发展，比如哲学家、执政官等，通过一些人的工作让另一些人能够从世俗冗务中解脱出来，更好地进行思想工作。

犹太 - 基督教占据主流地位之后，一切都改变了，出现了另一种逻辑。上帝创造了世间万物，根据自己的形象创造了人类，于是人类通过繁衍后代担负起完成上帝任务的责任——"你的妻子将在痛苦中分娩"，工作的情况与之相似——"你将满头大汗地辛苦劳动挣得面包"。

于是辛苦工作与自由活动之间变得没有区别。所有的工作，即使最卑微的工作，都是接近上帝的途径。

中世纪末期，封建社会崩溃，商业系统与相关的工作体系出现。再晚些时候，启蒙运动的思想歌颂工作，认为工作是保护人类的城墙，防止人堕入"烦恼、淫邪、奢求三大罪恶"当中——伏尔泰（Voltaire）的作品《憨第德》（*Candide*）这样评价过工作。狄德罗（Diderot）也做出过类似的回答："工作让人们远离烦恼。"

十九世纪，在工业社会的洪流中，马克思主义批评异化的工作，但是并没有质疑工作本身的价值，而是谴责压迫劳动人民、剥夺劳动人民财富的制度，认为这种制度窃取了劳动果实。问题不在工作本身，而在资本主义制度。因此，应该废除压迫劳动者的制度，改变劳动者与资本家之间财富分配的关系。在二十世纪和二十一世纪，我们已经看到马克思主义思想给出的答案。

我们都处于以工作为基础的社会中，这是事实。工作占据了生活的大部分时间，工作让我们获得收入，甚至致富，工作让我们建立了各种社会关系，工作还确立了我们与自然之间的关系，而自然正在告诉我们希望改变这种关系。工作会始终如此吗？

1980 年，哲学家安德烈·戈尔兹（André Gorz）的著名作品《永别了，工人阶级》（*Adieux au prolétariat*）一书引起了法国学者的大辩论。马克思主义认为工人阶级应该当家做主，成为工作的主人，把自己从工作中解放出来。安德烈·戈尔兹则反对马克思主义思想对工作的认识，鼓励人们摒弃这种认识。

经济世界按照自己的逻辑发展，市场占据中心位置，工薪制度成了工作的目标，甚至取代工作本身。个体都围绕着工薪制度构成，矛盾的是，工薪制度成为自由源泉的社会关系，以至于《社会问题的演变》（*Métamorphoses de la question sociale*）的作者、著名的社会学家罗贝尔·卡斯泰勒（Robert Castel）担心工薪制度的消亡。

"集体智慧"

安德烈·戈尔兹故意曲解资本主义理论以及把工作当成获得自由手段的理论，他提议把人类从工作本身中解放出来。然后，安德烈·戈尔兹进一步为这个大胆的理论提供论据，他坚信通过科技进步可以打败资本主义，出现超越资本主义的制度。在这个新经济制度下，生产力不再是获得工资的工作，而是人类的"集体智慧"、人类的革新能力、发展社会关系的能力、认知能力。在这些条件下的经济体系不再追求产量，而是为了智慧服务，新的经济体系是一种手段而不是目的。

1900 年工作时间每天 11 小时，没有周末休息

这种新颖的思想宣告了新的思考方式，从出现至今在工业化国家得到了广泛接受认可：以工作为基础的社会目的。对于安德烈·戈尔兹来说，我们的社会中工作无处不在的情况让人无法接受，因为这种情况是建立在虚幻神话基础上的。这个虚幻神话讲述的是：工作是获得丰富资源的途径，工作可以让人类自由，不再为物质贫乏所困，工作可以让其他所有活动都变得无足轻重。安德烈·戈尔兹的目的在于戳穿这个神话后的谎言，重新赋予人类存在的意义。所以，要越过工作薪资和工作中失去自由的障碍。

正在消亡

法兰克福学派的代表人物、社会科学理论家于尔根·哈伯马斯（Jürgen Habermas）把他在 1988 年出版的《现代化的哲学谈话》（*Discours philosophique de la modernité*）中的一句话加以改变，说出了"以工作为基

础社会的终结"这样的论断。十年之后，他在《政治文章》(Écrits politiques) 一书中又发表了类似的观点："这是一种乌托邦的终结，这种乌托邦曾经凝结在工作社会的潜力周围。"只有经济理论在社会各处获得全面胜利的时候，工作才能成为完美的社会关系。于尔根·哈伯马斯提醒大众，只有在作为消费者的情况下公民才会需要补偿，弥补自己以雇员身份工作时付出的努力，作为回报他们得到"购买力"。

这也是哲学家多米尼克·美达（Dominique Méda）的观点，她在 1995 年出版的作品《工作：正在消失的价值》(Le travail : une valeur en voie de disparition) 曾经引起激烈争论。她的研究成果显示，尽管工作是生产、创造财富的必要因素，尽管为了获得收入工作的确必不可少，但是工作并非支撑社会的唯一基石。带来自由的是空闲时间而不是工作。不应该屈服于以经济利益为目标的社会（所以社会中会把边缘人、失业者当成无用之人），必须发明某种方式控制这种趋势。换句话说，"去除对工作的执着"。这并不意味着彻底放弃工作，而是降低工作的地位，赋予社会生活更多的意义。这一切都应该遵守一个前提条件：这种降低工作在社会上地位的做法要普及社会所有成员，让他们在这个问题上达成一致。

每周工作 21 小时

所有的分析显然都会指向对工作时长的思考上来。法国从十九世纪开始工作时间不断在减少。在 1936 年马提尼翁宫（Matignon）① 协议签署和每周 40 小时工作时长之前，1900 年的每天工作时间是 11 小时，没有周末休息。周末休息制度是经过很长时间的讨论之后，1906 年法律规定的福利。二十世纪末期，1998 年和 2000 年奥布里（Aubry）法提出每周工作 35 小时，再次引起了激烈争论，直到今天人们还在讨论每周 35 小时工作时间带来的影响。或许为了解决失业问题，同时为了吸引舆论关注，获得惊人的效果，我们应该提议每周工作 32 小时……

英国新经济基金会（New Economic Foundation）的智库（think tank）出版了一份报告，建议把每周工作时间减少到 21 小时。在此之前，戈尔兹、凯恩斯（Keynes）曾经预言将来我们会每周工作 15 小时。由于生产效率的提高，只要人类不追求冗余的财富，这样的工作时长能够满足需求。

① 译者注：马提尼翁宫（Matignon）是法国总理官邸所在地。

劳动者还是特权者

工作与娱乐的地位问题要比看上去更加复杂。未来学家贝特朗·德茹弗内尔(Bertrand de Jouvenel)曾经说过，和以前不同，在现代经济中社会进步通过延长工作时间实现。过去，享有特权的阶层只要拥有足够的收入后，就会觉得工作已经没有必要。他们会把时间用在更加"高雅"的活动上：艺术、政治、军事等。而后出现了资本主义革命，彻底打破了原来的思维方式，通过努力工作，取得优秀成果，获得更高的职位，摆脱繁重无聊的低级工作。

在经济高度发展的今天，无法通过工作种类区分"劳动者与特权者"，工作时间是区别两者的标准。贝特朗·德茹弗内尔发现了一种趋势，"工作时间短成了低端工作的特点，工作持续时间长成了精英阶层的特点"。工作时长与工作的价值拥有不同的标准。安德烈·戈尔兹写道："时间不再是衡量工作的单位"。这也是为什么安德烈·戈尔兹在晚年岁月努力创建全民基本收入制度与普遍津贴制

112　度 ① 。这是唯一可以解放人类，从经济逻辑占主导的社会桎梏中解脱出来的方法。

1996 年美国未来学家杰里米·里夫金（Jeremy Rifkin）出版了书籍《工作终结》（ *La Fin du travail* ）。他在书中提出，至少以薪资、商品这些形式呈现的工作会消失。这本书首先在美国，然后在欧洲大获成功。书的副标题再次确认了这种观点：《世界整体工作力度减弱与后市场时代的黎明》（ *Le déclin de la force globale de travail dans le monde et l'aube de l'ère postmarché* ）。里夫金还在书里表示，经过观察发现最近几十年来很多工作消失，这种情况在工业领域更加明显。由于科技飞速发展，原来的工作岗位变得陈旧、无用。他还预言将来的转变，在二十世纪上半叶仍然属于工业时代，然后要转变成新的信息分享时代。这种转变会有利于科学与技术革命：工作变得更少，而且人们要分享工作才能弥补非商业的发展，而且此时的新社会规则更加注重团体合作。

---

① 译者注：全民基本收入制度与普遍津贴制度，指的是没有任何条件与资格限制，某个国家的所有国民都可以领取一定金额的金钱，由政府定期发放给全体成员，保证每位公民的基本需求的制度。

最受欢迎的雇主

对现在和将来经济形势分析预测的同时，应该注意公民面对工作的新想法与新行为与前几代人大不相同。比如，"优信咨询"（Universum）[1] 在法国每年进行一次调查，希望了解硕士阶段的大学生最喜欢什么样的雇主，调查结果值得反思。2014 年的调查结果显示大学生的选择标准与偏好发生变化：最重要的标准是"工作岗位的特点"，而且"公司文化"第一次排位在"薪酬和职业上升可能性"的前边。

"优信咨询"称，这个结果明确反映了寻找职业生活与个人生活平衡的需要，看出人们注重个人感受，需要赋予工作一定的意义，在年轻人眼中这些标准极其重要。另外，在职场的女性比例越来越多一定也是这种改变的原因之一。工作的世界中女性已经成为职场的固定力量，尽管未必取得预期的成功，但是女性会更多地考虑如何平衡工作与私人生活问题，怎样分配工作时间与个人时间的问题。

---

[1] 译者注：优信咨询是一家国际知名公司，业务涉及调查、研究、管理咨询等领域。

"仅仅关注眼前的做法非常危险"

生态民主

马里·让·安东尼·尼古拉·德卡里塔（Marie Jean Antoine Nicolas de Caritat）的另一个身份是孔多赛侯爵（marquis de Condorcet），支持法国大革命，预见到了社会的变革，支持妇女投票，准备制订教育系统改革计划。1791 年在刚刚成立不久的国民议会当选后，他呼吁其他议员当心"立即民主"的危险，使他尤为忧虑的是"用每天只顾当下的方式管理公共财政"。

孔多赛侯爵表现得极其清醒，自从那时直到现在民主政体存在同样的问题：无法把长期行为与长期思考纳入民众政体。当下的压力过于强大，频繁的选举让政治承诺只能屈从于任期内的各种限制。

二十一世纪的法国，环境与气候恶化成为主要问题。历史学家皮埃尔·罗桑瓦隆（Pierre Rosanvallon）告诉我们，事实变得更加令人担忧，实际上，整个社会变得不愿意规划未来。用罗桑瓦隆的话来说，社会"分裂"，民众对国家管理者极其不信任。而只有人民在充满信心的情况下才能放眼未来，共同展望明天。

在这种情况下，怎样才能促使民主制度走出"仅仅关注眼前"这种行为呢？怎样才能让民主制度更加强大，给它们更好的支持为将来做准备呢？首要答案是保证尽可能多的公民参加集体生活，实行参与性民主。还有些人希望能够有更深的改变：既然现在的系统不足以未雨绸缪，无法为科学预见的未来做好准备，那么就应该找到其他的政治代表方式，扩大讨论主题范畴，在做出关系国计民生的决定时让更多的社会成员参与进来，因为毕竟这些决定涉及社会每个成员的命运。

人们怀疑民主与环保是否兼容。环保思想可能存在阴暗的一面，隐藏不为人知的目的，来源于专制主义。在法国，人们很久以来已经不再对此进行讨论，人们早就认为生态问题是元凶。吕克·费里（Luc Ferry）在二十世纪九十年代初期的一本书中把环保思想与专制思想联系起来，影响了人们的公共讨论、大学研讨的话题，生态环保的主题几乎被完全搁置，不再提及。

把科学、自然、长期发展的关键纳入民主体系。

在国外，尤其是在大西洋彼岸的美国和莱茵河彼岸的德国，人们同样不再探讨民主与新出现的环保问题之间的关联。原因之一是 1979 年汉斯·乔纳斯（Hans Jonas）出版的作品《责任原则》（*Le Principe responsabilité*），这本书成为当时世界范围内的哲学畅销书。德国社会民主党（les sociaux-démocrates）从中获得启示，在德国联邦议院（Bundestag）围绕这本书组织讨论。汉斯·乔纳斯（Hans Jonas）是德国哲学家，后来加入美国籍，对环保问题他提倡谨慎原则。可见，除了法国之外的其他国家对环保也保持谨慎小心的态度。

"生态法西斯主义"的起源

汉斯·乔纳斯认为未来存在危险。必须采取一些不受欢迎的手段来保证人类能够继续存活，这正是民主政体遇到的问题：民主政体能够预防自身的放纵吗？是否应该为达到避免最终灾难这个目的而不择手段？汉斯·乔纳斯觉得，民主制度根本"不适合，至少在目前情况下暂时不适合"控制人类释放的自然力量与经济力量。我们的制度仅仅关心眼前，从不考虑未来。只有善意的专制统治、政府与专家共同独裁的管理形式才能控制人类的行为，保证人们赖以生存的生态条件。

接下来，汉斯·乔纳斯提出了建议，也可以说提出警告。他是挥舞着专制的权杖进行威胁？还是提议改变政治制度？不论怎样，民主制度似乎要成为环境危机的第一个受害者。当人类没有退路的时候，紧急情况下我们的民主辩论与民主进程将不复存在。地球资源耗尽达到极限的时候，人类社会将陷入暴力之中。

这种恐惧是"生态法西斯主义"这个词的来源，至少哲学家安德烈·戈尔兹（André Gorz）赋予了它这样的意义：当生态危机来临之时，如果人类不预先准备的话，民主制度将不复存在。

多米尼克·布格（Dominique Bourg）、克里·怀特塞德（Kerry Whiteside）等专家则认为，并不是民主制度本身存在缺陷，而是民主制度的代表机构不适合管理环境问题，更宽泛一些说，民主制度的代表机构不适合对所有问题做出长期决定。他们表示："生态挑战与政治挑战息息相关，我们只有在深层次改变我们的机构才能够成功迎接挑战"。公民代表制度下的政府采取自由主义的形式，唯一的目的是促进生产与消费，而不会考虑作为人类共同财产的自然资源。目前的各种机构没有办法满足个人自由、对自然极限的理解、保护生态环境等各种各样的需要。

固态社会、液态社会

代议民主制（démocratie représentative）永远在更新。英国社会学家齐格蒙·鲍曼（Zygmunt Bauman）把当代社会描述成液化的社会，即"液态社会"。液态的流动性在社会各处都有体现，我们像液体一样流动，跨越边界，在同一天可以走过几个地区甚至几个国家。生活中所有的界限都可以跨越，改变恋人、工作、住处，甚至性别，这一切都变得越来越容易，而且也越来越常见。

以前，人们生活在固态社会里。工人阶级、农民阶级、资产阶级组成了封闭的层级，每个层级都有自己可以依靠的组织，比如工业开发工会全国联盟（FNSEA），等等。这些机构反过来让社会变得更加固化。今天，在液态社会里，社会不断流动变化，那些固态的机构已经不再适应当今社会。因此出现了社会危机：新的液态形式与机构的固化产生矛盾。公民觉得被囚禁在各种固化的机构中，在某一时刻固化，或者身份遭到固化，同时公民自己实际上也在不断变化。

在这种情况下，存在两种态度：或者表现得复古，返回到原来的固态社会中；或者表现得"进步"，发明创立适应"液态社会"的新机构。

"事物"议会与未来学院

当下需要紧急解决的问题存在于两个方面：更好地代表这个社会，顺利做出各项决定；更好地代表自然，对未来做出最佳规划。我们当前的机构阻碍人类的决策。在液态社会里，议员不知道自己代表哪些民众，不知道应该对谁负责，所以他们很少决策。所以必须建立新机构，让人们可以做出决定回应生态危机与社会危机。

因此，应该建立"事物"议会。这是社会学家布鲁诺·拉图（Bruno Latour）的提议，他认为把科学技术与社会问题区分开现在已经没有任何意义。科学技术对生活的组织和社会问题影响巨大，必须拉近两者的距离。在新的议会里，和政治人物代表公民的性质相同，科学家将代表各种事物。

同理，多米尼克·布格（Dominique Bourg）提议创建未来学院，学院由各国科学家组成，他们的任务是监视地球的状态，并且向政治决策者提供建议。这样，由专业人士和公民组成的议会可以否决给社会带来长期危害的提案。

未来学院、"事物"议会、长期议会，这些形式背后的思想基础一致：让科学和对长期利益的考虑进入民主制度。很多在尼古拉·于洛基金会（fondation Nicolas-Hulot）工作的专家同样在努力，让各种决定可以满足液态社会的要求，同时把对大自然利益的考虑引入民主制度当中。

比如，在此框架下，可以建议共和国总统成为人类长期共同利益的担保人。共和国总统的角色需要重新定义，应该不要让总统忙于短期政府行为的冗务，不再疲于应付选举事务和媒体曝光。为了把总统从日常冗务的管理中解放出来，有必要转变成议会制的管理方式。

抽签选出的公民

另外，没有必要建立新的机构，可以扩大经济、社会、环境议会的管辖范围，延伸到管理长期事务上来。议员都来自公民社会，议会的角色保证了人类的生存条件，防止政策倾向于少数人利益，避免只顾及短期利益。该议会具备长期利益事务的相关立法权力、有建设意义的否决权（可以让其他的议会检查法案）。

为了让公民理解涉及的科学关键，丹麦组织"协商会议"，或者也可以将其称作"公民议会"。公民议会的成员全是抽签选出的普通民众，请他们思考尚未取得一致意见、关乎未来社会命运的重大问题。大学教师与科学家培训这些公民，让他们了解相关问题后，选出代表不同社会背景的公民，请他们在封闭的条件下撰写他们的观点，然后把这些文章送往国家议会。公民议会有权利了解国家议会如何对待他们的文章。

　　民主在不断变化出新，人们始终对民主进行思考，正如历史学家皮埃尔·罗桑瓦隆（Pierre Rosanvallon）所说，民主始终"不会最终完成"。我们今天的机构与当今社会存在鸿沟，这些二十世纪成立的机构正在处理二十一世纪的事务。我们应该像十八世纪的人一样思考：当时，人们用"公民"代替"臣民"，用"国家"代替"第三等级"，用"议会"代替"三级会议"。十八世纪的时候人们发明了新的机构，现在应该轮到我们行动起来，建立新形式的世界一体的民主管理方式。

"海蓝是自然的颜色"
海洋

年轻的美国人博扬·斯拉特（Boyan Slat）[1]酝酿出一个绝佳创意，专门用于清理海洋里积累的巨量垃圾。经过几个月的辛勤工作，他成功完成了自己的发明计划，于2014年6月在国务院召开的海洋管理报告会上发言，介绍了自己的想法，获得了巨大成功。

他的设计思路简单有效：在海洋环流附近布满漂浮的水坝，巨大水坝的设置地点是不同洋流的汇集点，于是会形成强有力的旋涡。这种旋涡在地球上有五个，每个大洋有一个旋涡。成千上万的垃圾就会奔向那里，大多数垃圾是需要数百年才能分解的塑料制品，自从1950

---

① 译者注：博扬·斯拉特（Boyan Slat）的个人网站、维基百科等网站的信息显示他是荷兰人，而不是原书中说的美国人。

年开始海洋中的塑料垃圾激增，导致海龟、海洋哺乳动物、海鸟大量死亡。

有了博扬·斯拉特设计的装置之后，这些由洋流这种自然力量带来的塑料制品会贴在漂浮堤坝的壁上，然后被吸入巨大的漏斗里，最终浮出水面，我们只要在海面上回收这些塑料垃圾即可。简单来说，海洋可以自我清洁！博扬·斯拉特表示，这要比使用巨大轮船在海上打捞塑料垃圾迅速得多，而且花费更少。第一组可以"清理垃圾"的大坝会设在夏威夷和旧金山之间这片污染最严重的海域，如果一切顺利的话，2020 年这些设备将投入使用。尽管博扬·斯拉特才十九岁，但是他仍然觉得需要的时间太长了。

其实海洋的情况已经变得非常糟糕。几个世纪以来海洋始终完好无损，甚至五十年前仍然如此。但是从二十世纪中期开始情况开始变化，人类活动严重污染了海洋环境，从此之后海洋的处境越来越糟糕。在今天即使远海也难逃厄运，虽然距离大陆很远，但是存在顽固的有机污染物、碳氢燃料、重金属、放射性物质都在污染远海，而且还要经历数百次的深海捕捞活动。

在海面上船只数量越来越多，巨型集装箱船可以达到 350 米长，油船、货轮有时会"忘记"载的货物，导致船只过后的航迹中满是黑色的油污。当今世界全球贸易活动的90%通过海运完成！

海底中"寸草不生"的死亡区域不断扩大，人类在这里用拖网捕鱼的方式刮地三尺。海底的稀有金属、天然气、石油引起各方垂涎。船只马力变得越来越强劲，深海钻探越挖越深，人类不断刷新极限。世界上所消耗石油的三分之一、天然气的四分之一来自海底。

至于海洋捕鱼业，通过数据比较就可以看清变化了：1950年远海捕鱼量占捕鱼总量的1%，进入二十一世纪中期，这一数字变成了63%。但仅有十个国家的几个大型企业占据着远洋深海捕鱼业的主要份额，因为远洋深海捕鱼需要技术与财力。对于不能参与进来的其他国家只能算他们倒霉啦！时至今日，仍然不存在任何保护海洋的国际法律规范远洋捕鱼行为。

地球表面积的70%是海洋，海水的体积达到13亿立方千米，地球的肺不是森林，而是海洋。自然不是森林的翠绿色，而是海洋的海蓝色。

几百万年以来，浮游植物群落，也就是所有在水面漂浮生长的植物吸收二氧化碳，把碳封存在石灰岩中，沉积海底。和所有植物一样，微型海藻通过二氧化碳以及在海水里溶解的几种金属化合物作用后产生所需物质。微型海藻凭借叶绿素捕捉光能，经过化学反应消耗二氧化碳，释放氧气进入大气。这就是光合作用。

海水酸化

捕鱼的目标只有三种鱼类，其他鱼类都被抛回大海！

由于碳氢燃料燃烧导致二氧化碳释放增多，海水自然酸化的过程越来越强烈。和二氧化碳改变大气成分一样，大量二氧化碳溶解在海水里，改变了海水成分，使海水 pH 值降低，导致海水酸化。现在这种海水酸化现象可以测量，海洋生物学专家在 2014 年 10 月第十二届关于生物多样性的缔约国大会（la XIIe conférence des Parties）上表示："和前工业时代相比，海洋酸度增加了大约四分之一。"专家们认为，在最近的两个世纪里海洋吸收了人类释放二氧化碳的四分之一。他们还强调，海水在过去的几百万年间并没有任何变化，而现在海水表面酸度变化的速度越来越快，水面越来越有腐蚀性。如果二氧化碳按照当前释放速度继续下去的话，这种现象"和前工业时代相比，海水酸度将继续增加 170%"。最终光合作用会"让气候稳定"下来。

软体动物和珊瑚

海洋表面水体 pH 值迅速降低造成的后果已经为人所知：可以观察到软体动物、珊瑚、组成贝壳的浮游生物群落都发生变化。这些动物的钙化程度变差，最终可能发生分解。这种情况已经在世界上几个地区出现，比如对地中海地区那不勒斯海水 pH 值分析，现在该地区海水酸度已经达到了科学家预计 2100 年的全球海水平均酸度，含石灰石生物的多样性下降了 70%。在巴布亚新几内亚（Papouasie-Nouvelle-Guinée），发现不含石灰石成分的藻类疯长，珊瑚种类减少。同样，海水酸化似乎已经给美国西北部的海水养殖业造成负面影响，牡蛎养殖场中的牡蛎死亡率"大幅增长"。

当下很难预见海洋生态系统会怎样演变，会带来怎样的全球影响尚不知道，目前观察到的后果尚且属于局部偶发事件。人类不能预料的事情很多，比如，不知道二十一世纪末气温究竟会上升多少，因为历史上没有任何类似时期存在可供我们参考。至少现在可以观察到，由于农业排放、工业排放、人类活动排放的二氧化碳激增，最近七十年沿海地区海水酸化，生态系统情况恶化。

海底的捕鱼缆绳

工业化远洋捕鱼活动不断扩张是另一种危险因素，这点确定无疑。人类远洋捕鱼的手段越来越强，近年来使用的深海拖网捕鱼（chalutage）方法危害尤其巨大，这种方法相当于用巨型渔网刮过海底地面，严重损害生物多样性，使得鱼类与贝类数量急剧下降。而且拖网捕鱼还破坏了存在数千年的海洋珍宝——珊瑚。这是一种令人难以察觉的大规模毁灭性捕鱼方法。二十世纪最后的二十五年间，因为传统的捕鱼方式已经不能满足市场持续增长的需求，于是人们研发出拖网捕鱼的方法，这样可以进入长久以来人类无法涉足的海洋深处进行捕捞作业。这种捕鱼方法需要动用价格昂贵的设备与技术，需要特殊的缆绳、渔网，要捕捉到相同重量的鱼类消耗的能源是六十年前的两倍，只有具备相应财力与物力的国家才可以实现拖网捕鱼。需要指出的是，人类拖网捕鱼的目标只是三种鱼类，捕捞上来的其他鱼类都被抛回大海！换句话说，这种捕捞方式威胁着传统捕捞方式，严重损害海洋生物多样性，完全得不偿失。只有在政府大规模资助的情况下，这种在经济上十分荒唐的捕鱼模式才得以存在。

2014 年 9 月，一个成立不久的独立组织——全球海洋委员会（commission Océan global，GOC）呼吁建立国际管理体系，管理远洋海域的事务。同时，全球海洋委员会响应联合国海洋权利公约（UNCLOS）的呼吁，表示应该在各国司法制度管辖范围外保护生物多样性："仅有不到百分之一的远洋地区得到保护，所以建立远洋保护区、签署新的国际合约对未来有决定性意义。"在报告中，全球海洋委员会还劝告各国政府在未来五年里不要再给远洋捕鱼的船只提供燃油补贴，尤其不应该补贴捕捞金枪鱼的渔船。

获得补贴的燃油

十八个国家的工业化捕鱼船队得到政府的燃油补贴，正在远洋地区掠夺海洋资源。其中包括几个欧盟国家：西班牙、法国、英国、丹麦、意大利。中国、日本、韩国、菲律宾、美国也为远洋船只提供相当数额的补贴。新的共同渔业政策（La Politique commune de la pêche）[1] 在 2014 年 1 月 1 日生效，控制补贴，让渔船船队无法增加捕捞量："虽然捕鱼的目的在于保证较大的捕捞量，但是必须设下

---

[1] 译者注：共同渔业政策是欧盟通过的，以资源养护为目标的政策，要求成员国遵守渔业配额等制度。

限制，监督渔业不能损害所捕捞鱼类的繁殖与种群重建能力。目前的政策定下 2015 年到 2020 年的捕鱼总量，这样才能够保证海洋中长期的鱼类储备。"如果没有国家资助，工业捕鱼船队在远洋捕鱼没有任何利益可言。

远洋地区占海洋面积的 64%，占全球面积的 45%。时至今日，仍然不存在任何国家的法律法规保护如此广大的海域。某些国家和地区偶尔会出台保护远洋的法律，比如美国在 2009 年宣布太平洋上一处世界上最大的海洋圣地为"国家文物"。这片海域有两百万平方千米，是得克萨斯州的三倍，法规禁止任何人在这片海域进行商业捕捞和能源开采活动。包括法国在内的其他国家管辖着世界的几个大洋，应该出台类似的法律……同时，不能允许任何人在不属于海洋保护区的其他地方掠夺自然资源。

此外，值得注意的是在近海建设的风力发电园区形成了海洋保护区。因为在设立风力发电机的地方严禁任何形式的开发开采与人类活动，这提供了新的海洋生态系统，有利于海洋重生繁衍生息。

有人把海洋看作新的黄金国度，有人希望通过各种各样的方式开发海洋资源，现在看来最好放弃这些念头，因为这样做最终会遭到"海洋的报复"。我们应该仔细考虑怎样做才能减少不必要的海上运输。

"车祸有利于国内生产总值增长"

财富与繁荣

     如果您与经济学家和政治决策者讨论经济繁荣问题的话，对方一定理解你为什么对国内生产总值（PIB）的增长感到欢欣鼓舞，因为从理论上说国内生产总值的增长会使公民生活质量提高，失业率下降。政治稳定、出口增长、全体公民收入稳定，可以促进经济繁荣。然而，"繁荣"一词在古代字典上的定义并非如此，脱胎其中的拉丁语原词语义与该词当下的含义也大相径庭。起初，"繁荣"代表的意义是"幸福的状态"，"符合每个人的期望与憧憬"。可见"繁荣"的本义指的是圆满的生活，满足希望。

     然后在大约十八世纪的时候出现了语义学上的有趣变化，也正是在同一时代诞生了政治经济学：从此之后"繁荣"用来形容一个国家、一个群体、一家企业，很少用来形容一个人了，词义也变成了描述大量丰富的状态与财富增长的情况，这些都通过经济增长表现出来。

的确，在法语中"愉快的表情""营养充足的躯体"还可以用"繁荣"一类的词语来形容，但是如果使用"繁荣"来指"某人身体或者精神上幸福的状态"的话，当代字典会标明这是一种"过时、老旧"或者"过于书面"的表达方式。"繁荣"的新含义大获全胜。人们拥有各种商品才能展示自己的存在，现在为了获得幸福，必须要拥有不断增长的财富。

三个世纪以来始终如此，那么二十一世纪我们将如何选择呢？刚刚过去不久的经济危机暴露了世界各地奉行的资本主义的弱点，人类是不是应该扪心自问，将来我们还要沿着这条路继续走下去吗？哲学家、社会学家、经济学家、普通市民等很多人已经在敦促人们考虑这个问题。

今天，有人大声疾呼应该改变对"繁荣"的看法，要求对"经济增长"这一概念重新定义。他们提议，除了国内生产总值这个指标之外，应该创立其他指标衡量一个国家的财富。国家财富不应该只包含商品与金钱，正如法国经济学家让·加德瑞（Jean Gadrey）所说，国家财富不应该忽视"进步带来的伤害和非经济层面的贡献"。比如，砍伐亚马孙丛林会让世界的国内生产总值增加，但是让自然资源衰减，让温室效应更强烈。同样的理论可以应用于车祸：车祸可以促进新车销售、道路修建，这些结果有助于国内生产总值增长，那么难道应该鼓励多发生车祸吗……相反，志愿者活动、家庭内的工作产生巨大的经济体量，但是由于在经济指标上无法体现而被人无视，可是这些活动为社会做出了巨大贡献！

1998 年诺贝尔经济学奖获得者——来自印度次大陆的阿马蒂亚·森（Amartya Sen）在捍卫幸福经济理论的时候，强调不论在贫穷国家还是富裕国家，在发展的逻辑中个人希望与憧憬占据着至关重要的地位。我们应该承认：人类因素与经济发展两者之间的关系密不可分。

想象一下这样的社会：经济永远不停地增长，无穷无尽，不存在任何形式的限制。不同人对于幸福的理解不同，那么在什么时候才能最终达到幸福呢？经济发展到什么水平，人们的需求和欲望才能得到满足呢？除了让产量不断提高之外社会有没有别的目的呢？实际上人类提出这些问题已经很久了，但是始终没有把这个问题与环境联系起来。和其他的诡辩家不同，亚里士多德在公元前三世纪严厉谴责从希腊词语"chrèmatistikos"变化而来的"理财学",认为指导这种学说的思想是囤积越来越多的金钱与财富。

"病态的迷恋"

怎样为人民做出决定,什么能为他们带来幸福?

亚里士多德对于商业逻辑和自私追求利益的看法影响了整个中世纪时期,天主教把他的理论拿到自己的教义当中。很久之后,其他的思想家继续探讨过分追求财富增长对社会的恶劣影响。卡尔·马克思(Karl Marx)对亚里士多德的学说尤其感兴趣。同样,哲学家、功利主义经济学家约翰·斯图亚特·密尔(John Stuart Mill)在 1848 年工业革命如火如荼进行之时发展了自己的理论,写出了《经济政治学原理》(*Principes d'économie politique*)一书。他同样对追求物质财富的做法感到懊恼,认为一味追求物质财富会让人偏离娱乐与思考的本来意义。密尔还认为,经济增长达到极限是人类的福音,因为这样人类才能够关注利于更多人福祉的其他事业。

英国经济学家约翰·梅纳德·凯恩斯(John Maynard Keynes)使用同样的论据,提出了非常严厉的批评:"有人喜欢金钱是把金钱当成品尝欢愉、实现生活目标的方

134 法。与之不同的是，有人对金钱的喜爱如同占有物品。这种对金钱占有式的喜爱是一种令人生厌的病态迷恋，这种迷恋一半是犯罪，一半是疾病。应该请精神科医生治疗这种对金钱存在感情的人。"对凯恩斯来说，人为放慢经济增长速度才是睿智、理性的做法。

"灰姑娘经济"

在法国，塞尔日·莫斯科维奇（Serge Moscovici）、雅克·艾吕尔（Jacques Ellul）、伊凡·伊利奇（Ivan Illich）、安德烈·戈尔兹（André Gorz）等思想家在战后提出并发展了批评单纯追求经济增长的思想。那时还没有涉及环境问题。这些理论学者的想法与法兰克福学派的想法相同，他们觉得经济发展模式会对自由产生不利影响，所以应该发出警告。他们指责以产量作为唯一目标的发展模式，这会导致丧失其本来意义，形成新的异化形式，创造新形式的剥削。而且判断国家财富仅仅依靠国内生产总值增长的百分比作为衡量参数，这种衡量标准本身就值得商榷。国内生产总值相当于这个国家所有交换的商品与服务的附加值，也就是说该国的营业额。

二十世纪七十年代初，美国经济学家理查德·伊斯特林（Richard Easterlin）发表文章，提出了"伊斯特林悖论"，揭示出国内生产总值的增长未必能够带来幸福感。他把西方国家的国内生产总值增加情况与人们幸福感的调查结果进行对比，得出的结果无可争议：到达一定的界限之后，国内生产总值的增长与民众的幸福感是否增加没有关系。

上述所有思想家都认为应该回归"繁荣"一词的最初含义，即重视我们的需求、提升人类的幸福感，这才更加重要。"这条路非常必要、令人向往、真实可信，所以我们应该解决不平等问题。为了获得数量上的丰富，把产量看得重于一切的同时，人类牺牲了太多的可贵的东西：生活质量、工作质量、工作岗位、生态系统、气候、人类福祉、服务质量。不追求经济增长的繁荣会促使人类做出改变，追求更有质量的生活。"［让·加德瑞（Jean Gadrey）］这些思想家认为应该实施"质量经济"。因为这种经济表现出朴素的一面，同时关注人类幸福，所以英国学者蒂姆·杰克逊（Tim Jackson）将它称为"灰姑娘经济"。

"炫耀性消费"

2009年，杰克逊出版了报告《没有经济增长的繁荣》（*Prospérité sans croissance*），不久以前他把这份报告交给了政府。杰克逊是经济学家，在萨里大学（université du Surrey）担任教授的职务，负责讲授可持续发展的课程。他表示人类不应该继续沉迷于经济增长的思维方式，不要把经济增长当成进步的必要条件。他在报告中研究了除了国内生产总值之外，有助于提升人的幸福感的各种途径：工作时间分配的新方式、设立基础收入、发展第三产业，等等。他还为脱离消费主义的新型宏观经济学打下了基础。

杰克逊坚信，人们并非先成为消费者而后出现消费经济，人们作为消费者的身份是为了保证消费经济系统可以存活而被硬生生"制造"出来的。杰克逊觉得所有人都仿佛被关在铁笼子里，"社会鼓励人们消费还没有赚到手的钱，购买根本不需要的东西，为了给身边的过客留下短暂的印象"。美国经济学家、社会学家索尔斯坦·范博伦（Thorstein Veblen）提出了"炫耀性消费"的概念。消费的唯一目的变成确立个人社会地位与社会阶层的手段。

对于物质财富的追逐远远不止于满足个人自私的需求，还有另外层次的寻觅：需要别人的承认。仔细研究亚当·斯密（Adam Smith）与让 - 皮埃尔·迪皮伊（Jean-Pierre Dupuy）的作品，可以发现，亚当·斯密作为现代经济学之父早就对这个问题有过考虑："亚当·斯密认为，财富是能够吸引他人目光的东西，因为别人都渴望财富。人人渴望获得财富的原因是大家都希望能够得到瞩目。相对于经济上的匮乏，穷人因为得不到别人的关注感到更加痛苦。"很明显，富有阶层通过广告产业使得普通人渴望效仿社会高层的生活方式，并始终保持着这种渴望，于是导致新形式的剥削、新形式的经济过度发展，自然环境开始恶化。

棕榈树农田

通过衡量财富的指标，能够看出背后一个国家的政治、文化，乃至意识形态。经济学家埃洛瓦·洛朗（Éloi Laurent）指出在欧洲一种新的指标几乎把国内生产总值这个指标掀翻在地，这个指标就是：赤字！人们把全部注意力都放在欧盟委员会定下3%的财政赤字门槛上。他解释说，赤字这个指标变成人们关注焦点的原因在于经济政策鼓励减少支出的做法。

当前对一个国家富裕繁荣的统计方法无视一系列对人类幸福感来说至关重要的参数，比如：大多数人文关怀的活动、不平等的程度、健康、教育成就。而且也不考虑犯罪率、入狱率，当然也不关注环境遭受破坏的程

138

度。砍伐热带雨林后把雨林改造成棕榈树农田有利于国内生产总值的增长，但是这样做可能导致生态灾难，附近的居民不得不背井离乡，远走他方。

而且，与大多数国家政府宣传的不同，国内生产总值的增加不一定增加个人收入，不一定提高人民生活水平。美国 2009 年的国内生产总值再次增加，但是个人收入的中位数（médian）[①]持续下降。在欧洲也观察到了同样的现象。经济学家托马斯·皮克迪（Thomas Piketty）指出了各个阶层财富流动的不平等现象：三年时间里，美国 1% 最富有的公民吸收了社会创造财富的 95%。

幸福指标

十几年来，很多科研工作者、国际组织、政府提出各种代替国内生产总值的其他指标。这些替代指标遭到过各种各样的批评指责，理由是采用这些指标后还要添加其他用于矫正的参数，而且这些指标只能粗略反映事实，不够精确……人们已经忘记了，采用"国内生产总

[①] 译者注：中位数是统计学名词，是一组数字从小到大排列中间的那个数字。比如，1、2、5、8、100 这组数字中，"5"就是中位数。

值"作为衡量指标时出现过类似情况，专家们为此争论了几十年。而且在正式使用"国内生产总值"这个衡量指标后很长时间仍然不乏抗议的声音，反对理由和现在看到的理由如出一辙。国内生产总值是经过很多"专横"的技术选择后才形成今天的面貌。比如：起初，公共服务并没有被算在国内生产总值中，直到二十世纪七十年代才把公共服务算进去：因为和把公共服务当成私营商品的国家相比，无偿提供大量公共服务的国家在计算国内生产总值的时候会吃大亏，所以才把公共服务计入国内生产总值。

而且新指标的计算方法往往都以国内生产总值为基础，国内生产总值仍然是重要的参考数据。比如，把志愿服务、军费支出等影响幸福元素事先折算成货币，国内生产总值加减这些元素。再举一个例子，1994 年的一份报告中提出了可持续幸福指数（Ibed）这种新指标，其中包括加拿大、英国、澳大利亚等国。和国内生产总值不同，可持续幸福指数还考虑外部因素对生产的负面影响。

其他类型的指标在不被换算成货币价值的前提下估算幸福状态，比如人类发展指标（indicateur de développement humain）、生态痕迹指标（indicateur de l'empreinte écologique）都属于这种情况。而且其中的生态痕迹指标饱受批评，但正是这些批评显示出该指标的优点：这种指标不会用相当于多少货币的方式来表达，而是评价个人或者集体的消费给环境带来的压力。对于公众来说，生态痕迹指标清晰、明了。比如，通过这类指标人们很容易明白，如果世界上所有人都采取和法国人相同的生活方式，那么需要三颗地球才能满足全部人口的需要。

国民幸福总值（bonheur national brut）

2008 年法国设立了经济成绩与社会进步评价委员会。两位诺贝尔奖获得者阿马蒂亚·森（Amartya Sen）、约瑟夫·斯蒂格利茨（Joseph Stiglitz），经济学家让-保罗·菲图希（Jean-Paul Fitoussi）三人撰写的一份报告交到了总统手中。尽管国内生产总值仍然是公共政策的唯一指南，但通过这次行动，政府真正意识到目前单纯计算国内生产总值这种做法的问题所在……另外，还有其他的公民行动，比如"公平"团体（collectif FAIR）①。经济学

---

① 译者注：缩写"FAIR"（英语"公平的"含义）是法语"forum pour d'autres indicateurs de richesse"（其他财富指标论坛）的首字母缩写。

家克洛迪娅·谢妮科（Claudia Senik）等几位大学教师共同为幸福经济展开研究。法布雷克·斯宾诺莎（Fabrique Spinoza）则始终捍卫"公民幸福"、工作舒适度等概念。

不过应该保持警惕，有些做法会导致政治问题、民主问题、哲学问题。举例来说，中国与印度之间的一个小国不丹发明了国民幸福总值（BNB）这个指标。不丹是唯一一个在二十世纪八十年代采用国民幸福总值作为衡量指数的国家，但是不丹的国家制度并不民主，而且该指标的计算标准模糊不清。

寻找新衡量标准的危险也在于此，意识到单纯计算国内生产总值的坏处后，用另一个指标代替它是不是就表示进步了呢？使用一个指标，不论这个指标是什么，恐怕终究过于片面。怎样为人民做出决定，什么能为他们带来幸福？一群专家与会计就能够为所有人定义什么是进步吗？最重要的事情难道不是无法定义吗？

很多人希望设立"指标评定表"。而哲学家帕特里克·维弗埃（Patrick Viveret）说过，"我们所处历史时代有两个特点：做事过分、执着衡量"。

"金钱塑造精神"
区域货币

　　货币曾经以各种各样的形式出现：贝壳、盐、珍珠、琥珀、狗的牙齿、鼠海豚的牙齿、粘贴的羽毛、抛光的石头、黄铜、铁、青铜……货币在有些地方被人称作牛钱（boeuf-monnaie）、血钱（monnaie de sang），这种说法源自游牧文明中用牛献祭的行为，因为献祭的牛具备很高的价值。在公元前 1650 年，一枚古希伯来银币相当于一头猪的价格，当时两头猪可以换一只羊。在埃及、亚述这些国家，人们把手工制造品作为货币，比如圆盘、圆环、炖锅、小锅、双刃斧——如同《伊利亚特》里记述阿喀琉斯（Achille）使用的斧子，这种双刃斧作为陪葬品在帕特罗克洛斯（Patrocle）的葬礼上被奉上。抛开固有的刻板印象，现代人种学与考古学发现，金属货币走上舞台，替换各种其他形式的货币，替换人与人之间的债务合同，这个过程并不容易。

若干个世纪期间，尽管商业活动频繁，人类并没有使用货币。后来，在很长的一段时间里，金属货币占据统治地位，作为货币的金属主要是金银。使用货币更适合远程统治、偿付薪水，而且像在罗马和中国一样，货币随着帝国的扩张而前进。很久之后，当黄金缺乏的时候，查理曼大帝打造了银币，于是"银"逐渐演变成了货币的代名词①。后来金币又重新回到历史舞台，佛罗伦萨的金币弗罗林（florin）、在文艺复兴时期国际贸易中大放异彩的威尼斯杜卡托（ducat）、法国的埃居。1750 年，铸着哈姆斯堡（Habsbourg）的玛利亚·特雷西亚塔勒（Marie-Thérèse）头像的银币塔勒（thaler）成了第一种国际通用货币。塔勒来到北美洲，种植园主接受这种货币，然后进入非洲，接着来到阿拉伯半岛。直至后来美国创造了自己的货币"美元"取代了"塔勒"，其实"美元"的发音是"塔勒"发音的一种变化形式。

今天的货币是什么样子的呢？我们已经有点搞不清楚了：金属货币、纸质货币、非实体货币（monnaie dématérialisée），尤其是代表性货币（scripturale）通过电

---

① 译者注：现代法语中"银"（argent）与"金钱"是同一个单词。

144 子媒介后进化出来虚拟货币（monnaie virtuelle）。在二十世纪九十年代的时候，还出现了令人惊讶的区域货币。区域货币完全承载着另一种思想，属于另类的生产与消费形式，区域货币在过去曾经出现，而后消失在历史中，现在又再次现身。在十九世纪，区域货币以代币券、筹码牌等形式出现，当时在殖民地的生产商、开发商发行这种区域货币给工人，目的是让他们在自己开的商店里消费。那种区域货币属于一种统治工具。

新的区域货币完全不同，这是新形式民主的崛起。区域货币可以通过地区交换系统的形式出现，在法国就诞生了这种系统：我打理你的花园，你来讲授数学课或者送来蔬菜，邻居每天早晨把我送到火车站……可以用盐粒、"麻雀币"，或者其他物体来计数。注意，这种系统里人们并不使用钱币，法国银行禁止这种行为，而且无法把这些区域货币兑换成欧元。

不论选择哪种系统，目的全部相同：离开传统经济流通路径，逃离全球化经济带来的束缚，邀请失业者、低收入者、靠社会最低津贴生活的人，以及所有社会边缘人进入经济体系。区域货币、地区交换系统的创立不是为了盈利，而是为了让人们更加方便舒适地生活。

　　金钱从何而来? 正如社会学家格奥尔格·齐美尔（Georg Simmel）所著《金钱哲学》（*Philosophie de l'argent*）一书中所说，金钱与货币两个概念常常被混为一谈。自从里根（Reagan）[1]1971年决定不再用黄金作为衡量标准（美元不再与黄金关联），货币的价值变得"浮动"。从此之后货币的情况取决于人们对这种货币的信心。

　　银行可以随意"创造"金钱。凯恩斯表示，货币成了"中央银行宣布的担保"而已。实际上银行只拥有自己外借金钱的一部分。当银行向外借贷，对方承诺还款的时候，金钱才被创造出来。当实现还款后，这笔钱就消失了。现在工作、劳动不再能够创造金钱，而是银行体系凭空创造出金钱。全世界都存在银行体系赋予银行巨大的权力。

加里科币（galléco）、布勒索尔币（boul'sol）、哈迪币（radis）

区域货币是交易货币，而不是储蓄货币。

---

[1] 译者注：此处是法语原文错误，里根在1981年到1989年担任美国总统。1971年时任美国总统的尼克松决定终止美元与黄金的固定比率兑换，让美元与黄金脱钩。

区域货币抗拒这种银行系统，银行对兴起的区域货币没有任何控制权。区域货币的首要目标是防止当地卷入全球一体化，支持当地产品与经济，优先考虑附近的商业，反对长途运输，拒绝销售远处其他地区生产的商品，所以区域货币体系把各种大型超市排除在外。

通常来说，如果不是当地政府建立货币体系的话，公民协会在金融机构的帮助下、在当地政府的支持下创立区域货币体系，会邀请个人、商家、公司加入这个体系，但是作为前提条件必须遵守一些伦理：尊重他人及其劳动成果，保护环境，保证所提供产品与服务的质量。

在用欧元换得区域货币后，区域货币进入当地流通领域，区域货币的颜色是代表所在城市或者指定地区的颜色。每个区域货币都有自己的名字，由设计者命名：在法国，佩泽纳（Pézenas）的区域货币叫作奥克币（occitan），巴斯克（Basque）地区的货币叫俄思科币（eusko），伊勒 - 维莱讷省（Ille-et-Villaine）在 2013 年推出加里科币（galléco），滨海布罗涅（Boulogne-sur-Mer）推出布勒索尔币（boul'sol），阿尔萨斯的安格海姆（Ungersheim）推出哈迪币（radis）。2015 年，里昂（Lyon）

将推出格奈特币（gonette）等区域货币[1]。值得注意的是，区域货币往往在地域特色鲜明的地区发行，比如布列塔尼地区、巴斯克地区（超过 3000 人加入），或者在遭受到严重危机的地区发行。法国大约有 500 多家机构加入了区域货币体系。区域货币活动仅仅诞生了几年时间，当前正在蓬勃发展。2014 年，经历了超过 70 次尝试，25 种区域货币已经进入流通领域。区域货币不但引起居民的兴趣和参加者的热情，还促使想在地区经济投资的各种机构兴趣大增，促成投资后会增强经济活力，保护当地工作岗位。

集体冒险

政府经过考虑准备将这种区域性活动扩展到全国，使得区域货币成为另一种支付方式。

区域货币进入流通领域之后可以使用欧元找零，但是在指定的区域、城市、社区团体外则无法使用区域货币。

无论如何，区域货币不会在人们手中过久停留：区域货币存在的首要目的就是迅速从一点流动到另一点，从一个使用者手中流动到另一个使用者手中，达到日常

---

[1] 译者注：法语原版书撰写之时这种货币尚未发行。

消费的作用。区域货币的第二个目的是作为交易货币，而不是储蓄货币。使用者不可以用区域货币储蓄，也不能用它投资赚取收益。每种区域货币都存在有效期，必须在有效期之前用掉区域货币，否则将失去价值。

而且，区域货币具备强烈的社会团结作用，使用者也是这么看的。对于使用区域货币的公民来说，他们觉得在另类经济中进行一场"集体冒险"，这是一种掌控所在地区未来的手段。所有人都坚信：在竞争中，当地小商业、小企业面对大型企业生产与销售咄咄逼人的策略时，不能压低工资。如果降低工资的话，经济振兴政策将失去效果，因为任何增强购买力的行动都表现为对进口商品消费的增加。

绿色钞票

为了保证区域货币能够成功，城市与地区官方应该甚至必须参与其中。法国几座城市都理解了这一点。所以图卢兹（Toulouse）每年都组织互助市场，在这样的市场上可以用区域货币"土地紫罗兰"币购买当地乡土产品。

因为债务危机和经济增长速度缓慢，当前的经济环境萧条，大多数欧洲国家都出现了区域货币。在比利时的蒙斯（Mons）市，人们使用罗皮币（ropi），希望"重新振兴经济，为经济增长后时代做准备，让公民进入决策核心，尤其是关于货币与金融问题的决策"，"环保鸢尾花"区域货币的口号是"另类绿色钞票"，在布鲁塞尔广为流传。

的确，区域货币不会和欧元、美元（区域货币已经远渡重洋在美国开花结果）竞争。因为区域货币迅猛发展，所以德国在 2007 年中央银行的一份报告中提到过这个问题。根据德国中央银行统计，在德国流通的区域货币总数相当于 200 000 欧元，其影响对于全国经济来说"可以忽略不计"。

危机之中

除了区域货币的设立、管理、成本之外，还需要解决一些难题。比如使用这种货币的地区不能太大也不能太小。通常来说，各个国家的中央银行不鼓励区域货币的发展，它们仅仅容忍区域货币存在而已，法国中央银行目前就是这种态度。而且区域货币完全没有税收压力。

区域货币大受欢迎的情况对于金融机构来说既是挑战也是警示，人们已经对这些机构失去了信心。最后，不要忘记区域货币能够起到保护作用，像整个拉丁美洲一样，阿根廷的区域货币在 2002 年显示了这种作用。危

150　机导致阿根廷走向破产，区域货币保证了很多地区经济可以正常运转。因此 2008 年世界经济危机以后，在希腊、西班牙、葡萄牙出现了很多区域货币。2008 年到 2014 年，希腊的区域货币种类从 1 种增加到 70 种！

"是时候把地球从男人手里夺回来了！"

生态女性主义

女性比男性更爱护环境？目前先保持问题开放，以谨慎的态度回答，暂时不做定论。生态女性主义结合了女性主义（féminisme）与环保主义，根据其定义，把两种形式的统治关联起来：男性对女性的统治、人类对自然的统治，因此值得关注。生态女性主义诞生于二十世纪六十年代，在盎格鲁-撒克逊国家得到发展，但是发展方向多样，所以今天很难描述生态女性主义的历史。而且在介绍生态女性主义的核心思想时，也很难不过分夸张地强调它的某些特点。

谈到生态女性主义，首先应该提到的人是法国的弗朗索瓦丝·德奥博纳（Françoise d'Eaubonne），她是第一个把环保主义与女性主义这两个非常现代的概念融汇在一起的人。她所著一部书的题目语出惊人：《女性主义或死亡》（*Le Féminisme ou la Mort*），在这本书里她提出了生态女性主义的概念。当时是 1974 年，正处在 1968 年"五月风暴"后各种思想骚动沸腾的时代，人们对于生态灾难还知之甚少。弗朗索瓦丝·德奥博纳觉得生态灾难与父权体系关系紧密。男性在新石器时代对农业和儿童拥有掌控权，"在此之前，农业和生育这两种资源由女性掌控"。父权体系形成后导致的直接结果包括各种资源持续破坏，世界人口增加。德奥博纳认为，"只有全人类统统发生转变才能制止情况恶化"，而只有女性运动蓬勃发展才会让全人类发生转变。她在书中最终充满激情地总结道："今天把地球从男人手中夺回来，明天才能重建全人类！"

正如大家能猜到的一样，同年在布加勒斯特（Bucarest）召开的世界人口大会上，德奥博纳的文章遭到嘲讽，甚至攻击。人们指责生态女性主义"让人误入歧途，削弱阶级斗争的力量"！这也是生态女性主义思想的问题所在，这种思想包容各种彼此矛盾的计划与方案。从道德角度、环境伦理角度看，生态女性主义和轻视人类中心论的人观点契合。在人类中心论的思想影响下，人类对自然环境掠夺，把自然界的一切都当作任由自己支配的东西。生物学家、生理学家贾德·戴蒙（Jared

Diamond）观察后指出，人们不知道德奥博纳说的是哪种"男人"！当然必须让女性发出声音，遏制资本主义的各种过分行为，改变男性绝对统治的局面。

从社会与政治角度看，生态女性主义的目标在于揭示出女性是环境恶化的首要受害者，而且女性还是环境保护措施的关键执行者。这些充满活力的观点尤其适用于不发达国家的女性，在这些国家里除了环境危机之外，还存在社会-经济的不平等。印度女性纨妲娜·希瓦（Vandana Shiva）是位热情高涨的代言人，呼吁人们行动起来，解决乡村问题、耕地改革问题、食品安全问题、环境健康问题、城市化问题、获得饮用水问题。

时至今日仍然非常难以定义什么是生态女性主义，因为这个概念覆盖了十分庞杂的领域，其中颇有相互矛盾之处。生态女性主义在二十世纪的时候激励了很多人行动起来，这在盎格鲁-撒克逊国家尤为明显，而且很多行动值得更多人去了解，并且给予更大的支持。

用"女性"的视角去看待世界是不是代表"女性主义的世界观"？人们可不可以既是女性主义者又是生态环保主义者，而不是"生态女性主义者"？生态女性主义从来没得到过女性主义运动的青睐。这种情况可以理解，生态女性主义要赋予女性和自然类似的身份，和男性不同，生态女性主义把女性与自然的命运紧密联系在一起。认为女性要比男性更加接近自然母亲的想法是一种区别对待的观点，很多女性主义者非常反感这种观点，因为她们认为这样做不会让性别不平等的情况有任何改观，反而令其持续下去。她们觉得这是对女性主义奋斗的侮辱，至少没有办法给女性主义和生态环保主义提出的问题以满意的答案。

明显的矛盾

通过让女性走出自然的办法推动女性主义事业？

另外，在确定生态女性主义的角色之前，还需要知道什么是"生态女性主义"，但是要解释清楚并不容易。社会生态主义理论家与倡导者，珍妮特·贝尔（Janet Bielh）很长时间就此问题进行研究，发现："据我所知还没有任何生态女性主义的完整理论，所以在生态女性主义的大旗下出现数量巨大的尝试……而且这些尝试彼此之间有明显的矛盾。"珍妮特·贝尔指出了这些矛盾，生态女性主义描述"女性和自然之间存在内在联系，甚至是生物学的联系"，而珍妮特·贝尔认为这种关系是社会发展的结果。正如法国二十世纪七十年代的弗朗索瓦丝·德奥博纳（Françoise d'Eaubonne）那样，有些生态女性主义者认为问题根源出现在生态危机之中，以及男性统治地位诞生的新石器时代，甚至有人谴责基督教、科学革命，认为这些事件让男性垄断了知识与技术。

可清洗尿布还是一次性尿布

与盎格鲁 - 撒克逊国家相比，法国有一个优势：法国的女性主义和生态环保主义长久以来势不两立。自从西蒙妮·德·波伏娃（Simone de Beauvoir）的女性主义理论被认为是反自然主义以来，法国的女性主义认为自然是一种威胁："女人并非生而女人，而是被造就成女人。"

2010 年法国哲学家、评论作家伊丽莎白·巴丹德（Élisabeth Badinter）出版了作品《女性与母亲角色的冲突》（ Le Conflit. La Femme et la Mère），这部作品再次引起了争论。女性主义又一次与自然对立，回归自然阻碍女性解放。伊丽莎白·巴丹德认为，宣扬母乳喂养、使用可清洗尿布、家中分娩、不使用避孕药这种人为工具，这种做法令自然主义与女性主义对立起来，把女性放在符合理想的完美母亲形象上。她还写道，"把自然置于女性

"自由之前"的做法令人感到非常遗憾。

社会与自然的对立

正是为了化解对立，法国女性主义运动在二十世纪末与所谓的"颠覆性"自然主义运动在哲学家塞尔日·莫斯科维奇（Serge Moscovici）的周围团结起来。塞尔日·莫斯科维奇在《社会与自然的对立》（*La Société contre nature*）一书中写道："我们赋予自然的是在未知的事实面前，人类社会的投射、情感，以及人类社会的内部情况，并不是自然的实际情况。"我们错误地认为社会是自然内部组织的改正形式。生态学家和女性主义者都同意自然是一种社会概念。今天，法国人类学家菲利普·德克拉（Philippe Descola）的研究成果完美地解释了这一点。他发现在原始部族的语言文化里，并不存在"自然"这个抽象的概念。"自然"这一词仅仅存在于我们的文化当中，我们是唯一使用这个词的人，那是因为我们发明了"自然"一词。自然的文化构成各异，这是一次重要的颠覆，因为关键不再是让女性从各种人工事物中解放，而是自然本质的消解。

"这不应该变！"

男性与女性之间存在生理学与生物学的差别，但是这并不意味着每种性别拥有自然角色。不同性别扮演的角色更多来自文化。"自然"一词在这样的背景下使用的目的是为了证明传统的正确性，此时的"自然"指的是在社会层面构建，人们希望保持的东西。这种假设并非只停留在理论层面，而是经过了多次论证得以证实。在二十世纪后四分之一的时间里，性别研究推出了这种论点。性别研究是一种跨学科研究，诞生于美国，欧洲长久以来对此一无所知，现在性别研究工作正在蓬勃发展。

如果"自然"指的是一种秩序、一种组织形式，可能存在于人类之外极其丰富的其他物种当中，那么所有的行为都是自然的。另外，使用"自然"一词意指"不变"来证明保守主义的正确，这是一种生态偏差。实际上自然在不断演化，因为自然始终在尝试各种可能性，所以我们不可能定义某些行为不自然或者不正常。如果说存在不正常行为，那也是来自社会的判断，因为这些行为不符合人希望保存下来的惯例与传统。如果有人说"这很自然"，从语义学角度看，指的是"这是传统"，换句话说这句话的意思是"这不应该变！"

158

生化人还是女神

当美国生物学家、哲学家多纳·哈罗维（Donna Haraway）在 1991 年撰写了著名的《出现生化人》（*Manifeste cyborg*）的时候，自然与文化的界限再次出现。《出现生化人》是关于女性主义的一篇短文章，很久之后才在法国出版（2007 年）。这篇文章成了性别研究经典名篇，探索了人类特征，认为人类兼有机器与有机组织的性质。生化人是"政治讽刺的神秘传说……瞄准乌托邦主义者的人造物品"。女性（接下来是男性）拿着这样的传说，应该可以最终"摆脱自然"。哈罗维充满热情地接受既后现代又拥护科技的女性主义，宣称她自己更希望成为"生化人而不是成为女神"。科学技术、人工技术的进步，加上对"自然"的摒弃，使得女性走出"自然"，让女性事业得以推进。

与之观点相反的是纨妲娜·希瓦（Vandana Shiva），她不信任科技进步，认为科技进步导致不平等。纨妲娜·希瓦反驳说，她自己更希望成为"圣牛而不是疯牛"！纨妲娜·希瓦是物理学家、生态学家，因为反对经济帝国主义和转基因产品跨国生产在印度声名鹊起，她成为生态女性主义在社会与政治上的领导者，在她眼中生态女性主义至关重要。女性，尤其是在发展中国家的女性是城乡环境恶化的首批受害者。但是只要赋予她们机会与能力，女性更善于行动。她们会改善自己和家人的生活条件，具体表现在获得饮用水、食品安全、健康等方面。女性认识到污染、燃烧木材、有毒物质背后的危害。在亚洲、非洲、拉丁美洲针对穷人的小额贷款大获成功，女性借此成立自己的企业，证明了女性的能力。2004 年的诺贝尔奖颁发给了尼日利亚女性旺嘉里·马塔伊（Wangari Maathai），嘉奖她为环境保护做出的贡献。

阿秋尔（Achuar）人与"关心"

生态女性主义对保护容易受害者给予特殊的关注，不论这些人来自发展中国家还是发达国家都一视同仁，所以生态女性主义与最近兴起的"关心（care）"这个概念存在类似之处，"关心"这个概念往往成了生态女性主义的代名词。

通过美国女权主义者的研究引入了"关心"这个概念，这个概念有可能让人再次把女性形象固定在偏见之中：保护、注意、关切（因为英语 care 一词意义很多，法语翻译很难用一个词完全概括，这同样使得在法国推广这种理念变得困难），而且人们觉得上述特点是女性的核心价值。"关心"研究的重要理论学者卡罗尔·吉利根（Carol Gilligan）驳斥了这种指责，她觉得"关心"是"新的言语，改变了原有的范式，改变了对话的组织结构。'关心'的内涵不仅仅关系到性别，还关系到自己、人际关系、道德、发展……总而言之，关系到全人类"。换句话说，"关心"是文化革命，女性的声音能够得到充分表达。

社会学家多米尼克·布利耶（Dominique Boullier）根据菲利普·德克拉（Philippe Descola）的研究成果，展示"关心"概念在改变人类与世界、人类与自然关系上起到的作用。他写道："比如，在阿秋尔人的社会（泛神论社会）里，女性负责玉米种植，对玉米的照顾方式如同照顾儿童。女性种植玉米、保护玉米，同玉米说话，某种程度上来讲，她们的'关心'扩展到了世间万物。这点非常重要，因为这让我们考虑人类和世界以及世上生物之间的关系。""关心"概念中保护的思想不仅限于社会保护，还涉及"质疑'一切以生产率为重'的做法，以及这种做法导致的各种生物之间的垄断性质的关系"。在这种概念之下，"关心"可能形成新的基础。在这种基础之上形成对经济增长的保护和批评，以及生态女性主义独自竭力创建新型的社会组织形式。

生态方面的和谐十分必要，无论对于男性还是女性都属于重要目标，夫妻之间的家务要进行更加合理的分配，帮助男性以平等的方式投身家庭事务当中，促进两性平等的工作要从此处做起。企业与政府在协调人们私人生活与工作生活的平衡当中扮演重要角色。应该鼓励人们做出尝试，重新平衡男性与女性的工作时间。

"毕达哥拉斯、利奥纳多·达·芬奇、纯洁派教徒都不喜欢吃肉"

素食主义

人类是不是有一天都会成为素食者呢？或者用更好的方式提这个问题：人类是不是应该采取另外的生活方式呢？在二十一世纪，以中国为代表的一些国家崛起，让我们更应该思考这个问题。如果世界各地都采取西方的生活方式，那么养活全人类需要饲养多少动物？要种植多少公顷的谷物来养活这些动物？需要多少升水来灌溉这些谷物？不断提高饲养牲畜的数量获取更多的肉食终将破坏农业平衡。西方的生活方式对人体健康的威胁、对环境的破坏令人心惊。而且对于很多人来说，工业化养殖的条件很长时间以来已经到了让人难以接受的程度。以生态环保的眼光和伦理道德的眼光看来，食用肉类和奶制品导致越来越多的问题。素食主义是不是人类未来的发展趋势？

回顾一下素食主义的历史：在西方，毕达哥拉斯在公元前约530年首次公开倡导素食主义。毕达哥拉斯是苏格拉底之前的哲学家，他相信灵魂通过所有生物转世重生。任何拥有血肉之躯的生物不应该把其他的血肉之躯当作食物。屠宰动物是一种犯罪。

公元前380年柏拉图在《理想国》（*La République*）一书中描述了完美城邦的图景，在城邦里所有居民出生就是素食主义者，他们选择粗茶淡饭的生活。但是过度扩张导致各种暴行与放纵产生，威胁城邦的存在，让城邦变得破败不堪。而且扩张还使得疾病横行，战争肆虐，人们通过战争夺取牧场。古罗马时期人们没有听从柏拉图的劝诫，不太关心素食主义，对食物没有忌讳。中世纪时期是人们喜欢"肉食"的时代，尽管如此，当时仍然存在不符合主流的异端运动，比如纯洁派坚决不食用肉类。

尽管还没有"素食主义"这种说法，但素食主义随着利奥纳多·达·芬奇在现代再次出现。达·芬奇对自然观察细致入微，很严肃地思考了人与动物的关系，心怀恐惧地发现"人的生命是建立在其他生物死亡的基础之上"。

后来几个世纪的时间，其他著名思想家以尊重自然

的名义也对肉食主义提出批评，这些思想家包括：让 -
雅克·卢梭（Jean-Jacques Rousseau）、伏尔泰（Voltaire）、
艾萨克·牛顿（Isaac Newton）。总之，这些言论为将来的
素食主义运动铺平了道路，十九世纪中叶出现了素食主
义，在下一个世纪消费狂潮席卷全球的时候，素食主义
运动的范围与影响也越来越大。

为了满足对肉类食品的需要，在二十世纪人们选择
工业化养殖。这种养殖方法至少要为全球气候变化承担
18% 的责任，从比例上看比运输业应该负的责任更大。
到 2050 年的时候，世界人口将达到 90 亿，如何养活这
些人？为了食品、健康、环保，人们可能觉得应该彻底
停止消费肉类，实际情况并非如此简单。完全素食的做
法反而可能给环境带来不利影响。人类并非应该彻底变
成素食主义者，而是应该停止工业化养殖。

明天，所有人都要成为素食主义者吗？常常看到或
者听到饥荒、营养不良一类的新闻，世界上有 8 亿人口
正在忍饥挨饿，这要归咎于世界粮食产量不足。我们生
产得不够多、不够快，要做得更好，发明更加先进的技
术才能取得好成绩。但事实并非如此：饥荒和营养不良
问题主要由于严重的分配不合理、获得食物机会不平等、

收入不平等这些原因导致，而不是产量不足。只要去法国超市看一下浪费程度就知道此言非虚，每家法国超市每年大约要扔掉 200 吨食品垃圾！就算人类都吃素食，也不一定能够解决世界上的饥荒和营养不良问题，要想连根拔除这种顽疾，必须要正确解决财富分配不平等的问题。

自然与文化

终止各种形式的畜牧养殖业意味着失去和土地的联系。

我们还听说过另一种论据：肉食对于食物平衡和身体健康来说必不可少。实际上纯粹从健康观点看来，只有营养元素是必不可少的，而没有任何食物是不可或缺的。如果不食用肉类，人类可以从其他食物中很容易地获得必需的氨基酸和铁元素来弥补不足。但是钙元素补充问题就变得有点棘手。素食主义者可以从奶中获得钙，但是为了产奶就要种植大豆作为奶牛的饲料，而且大豆是一种含有高蛋白的作物，可以供给人类食用。而且，为了获得奶就意味着有小牛要出生，因为母牛的奶本来是给小牛准备的，另外还需要屠宰……可见事情并不简单。

虽然保证身体健康并非必须食用肉类，但是肉的口味却无法替代。而且每个人的口味也不尽相同，口味还是文化、历史、教育的具体表现。口味是文化在肉上的体现，是成为自然的文化。

与土地的联系

除非人类回到野外采集的时代，否则人类都变成素食主义者的话，那就必须处理好农业生产面临的巨大困难，因为农业与畜牧养殖业密不可分。如果没有畜牧养殖业，自然环境自我封闭，生物多样性减少。在合理范围内，畜牧养殖业对自然环境有重要作用。当然，这意味着人类要避免过度发展畜牧养殖业，不要进行工业化养殖，那样做会付出沉重的环境代价。畜牧养殖业本身就要为全球变暖承担 18% 的责任，如果再加上为了畜养牲畜进行森林砍伐、开荒土地、运输肉类食品等活动对环境的影响，这个百分比还要大大增加。

很多可耕种土地用于畜牧和种植饲料作物，可以说肉类消费在今天占据了世界可耕种土地的很大一部分。我们知道，很多贫穷国家的土地都用于养育牲畜，这些牲畜最终供给富裕国家消费。并不是说畜牧养殖业本身属于不可持续发展行业，问题出在工业化养殖上！

所以，大范围推广素食主义并不能解决环境问题和食物问题。实际上情况恰恰相反，终止畜牧养殖业意味着失去和土地的联系。为了让生态系统存活，让生态系统适应、演化，人类和动物需要共同的文化。生态危机是真正的环境悲剧，原因在于现代人已经不再认识自己所处的环境。

机器般的动物

讨论素食主义的时候必然提到伦理问题：从道德角度看并没有办法判断一个有感觉的生物是否遭受痛苦。有人认为动物如同机器，没有意识与感情。笛卡尔（Descartes）和马勒伯朗士（Malebranche）觉得动物仿佛精密的挂钟，两位学者的这种思想是工业化养殖诞生的前提条件。笛卡尔在给纽卡斯尔（Newcastle）侯爵的书信中写道："和人类相比牲畜能把很多事情做得更好，我觉得这恰恰证明了牲畜按照自然本能行事，如同挂钟一样能够准确地显示时间，而人类只能凭经验估算时间。"这种思想渗透到文化当中，否认动物有感觉，于是我们的文明允许出现工业化屠宰这种做法。现代人觉得动物仅仅是一种生产机器：生产更多的肉、更多的奶、更多的蛋，等等。

卷尾猴

最新研究正在撼动这种对动物的看法，以为动物仿佛机器一样的想法正在消失。生物的意识和感知痛苦的能力始终被认为是人类重要的道德判断标准。今天，我们知道世界上存在众多和人类意识形式不同的意识，同样值得人类尊重。怎样判断哪种意识能够感受到痛苦呢？比如我们知道一种海洋虫类——绿色勺虫对痛苦有反应。难道因为它们感受到的事实和我们感受到的事实不一样，就要把它们归类为没有感觉的生物吗？

除了意识和感受痛苦的能力之外，最近动物行为学和灵长目动物学研究成果表明人类或许并没有那么"特别"，这些研究发现某些种类的猴子能够做出道德判断。比如，在实验室里的恒河猴会因为同伴遭电击而拒绝进食。其他实验也显示出惊人的结果，卷尾猴会对不平均、不平等的情况做出反应。实验人员故意用不公平的方式对待卷尾猴，或者过分奖励某些卷尾猴，那些利益遭受侵害的猴子表现出不满，拒绝继续参加游戏。

从道德层面上看，无法证实人类是否利用了动物的痛苦。但是既然这属于道德问题，那么反对人类暴行就是合理行为。而且我们从中得出的结论未必非常"生态环保"。

动物权利

多米尼克·莱斯泰尔（Dominique Lestel）等动物行为学专家强调"动物文化"的存在。使用这种说法本身就证明人们曾经的误解今天成为了可以观察到的事实。

经过各种思考之后，彼得·辛格（Peter Singer）、汤姆·里根（Tom Regan）等一些哲学家得出结论，觉得有必要赋予动物权利。尽管这种做法给予动物内在价值，但是这条提议属于典型的人类中心论的想法。不应该把动物当成人类。人类曾经根据人类的特质判断一些种类的动物，仿佛从绝对意义上看来，这些特质才能促成完美。今天我们决定赋予动物一种完全属于人类的发明（权利），然后我们把这种发明交给完全不懂权利为何物的其他生物。

尽管如此，要求赋予动物权利的做法可以让人类的思维方式产生翻天覆地的变化。把动物当成国民的做法是政治策略，全部物种的地位都会发生变化，这样所有人都可以从中获益。人类道德的应用范围不断扩大，这样可以减少人类的残酷行为。彼得·辛格认为，在经历了对抗种族歧视、性别歧视的斗争之后，反对物种歧视（spécisme），即反对把各个物种按照高低划分等级的做法，将是人类进化的下一步，进入暴力更加稀少的社会。给一些动物尤其是工业化养殖动物的"非人性"的待遇，引用汉娜·阿伦特（Hannah Arendt）的话来说，属于"常态化恶行"。这句话不禁让人想起列夫·托尔斯泰（Léon Tolstoi）的名言："只要存在屠宰场，就存在战场。"

像大山一样思考

但是把权利赋予个体并不是生态环保的推理思考方式，这是现代个人主义的延伸。生态环保的思考方式不应该以个人为出发点（更不应该以物种为出发点）。生态是彼此依存共生的系统。环保伦理先驱奥尔多·利奥波德（Aldo Leopold）认为，用生态方式推理思考应该"像大山一样思考"。

"淡水值多少钱？山值多少钱？森林值多少钱？"

用金钱衡量自然的价值

1992 年，国际自然保护联盟（Union internationale pour la conservation de la nature）秘书长马丁·霍德盖特（Martin Holdgate）说出了仿佛看穿一切的话："开始，我们对于自然保护有非常合乎道德与美学的看法，但这并不够。为了说服别人，应该研究使用有实用价值的论据。应该展示给人们自然的确有用处。"换句话说，应该采用经济领域的视角，给自然赋予货币价值。这是未来更好保护自然的必要条件。

2006 年，出现了英国政府资助的气候变暖报告。提交这份报告的是尼古拉斯·斯特恩（Nicholas Stern），他是经济学家、世界银行前副总裁，而不是气候专家。报告的题目是《气候变化经济报告》（*Rapport sur l'économie du changement climatique*）。斯特恩使用了成本 - 收益的方法，详细列出了对于世界经济来说，如果人类对气候变暖现象置之不理需要花费的成本。报告中还指出，各国只需要 1% 的国内生产总值——这和在其他传统领域投资的比例相等，就足以明显遏制气候变暖的趋势。

这种新方法得到了热烈的反馈，几位诺贝尔经济学奖获得者阿马蒂亚·森（Amartya Sen）、罗伯特·索洛（Robert Solow）、约瑟夫·斯蒂格利茨（Joseph Stiglitz）对报告的观点十分赞同。公众都关注到了这份报告，但是以盎格鲁 - 撒克逊国家为代表的很多专家对这份报告提出了严厉批评。他们认为，斯特恩团队把经济学研究方法当成一种工具，描绘了一幅灾难性图景，目的是引起国际社会的震动，促使各国政府迅速做出决定。

尽管如此，这种研究方法仍然得以快速发展。温室效应、生物多样性减少、各种形式的污染，由于环境问题导致的经济损失已经进入经济领域。从第二年开始，也就是 2007 年，八国集团（G8）环境部长会议展开广泛的生态系统与生物多样性经济研究，希望这份研究能够在生物多样性方面印证斯特恩的研究报告。这份研究的结果同样建议各国政府为了保护自然，应该给山峦、河流等各种大自然的资源赋予经济价值。

挪威第一个采取了行动：在 2010 年根据关于生物多样性的《名古屋（Nagoya）议定书》创建了一系列指标，可以评估自然环境。这仅仅是迈出的第一步，大自然给人类提供了各种"免费服务"，挪威政府希望最终能够给全部的"免费服务"做出经济价值评估，并且已经建立了清单，清单里包括昆虫授粉、森林扩张等项目。计算完成后，自然价值最终会被归入国内生产总值。

美国、墨西哥、欧盟等几个成员也试图评估自然的价值，并且统计生物多样性遭受的损害。世界经济以自己的节奏评估人类开发自然资源给环境造成的巨大损失。接下来需要人类考虑的是这种把一切归纳为经济理念的行为可能带来怎样的负面后果。

几十年以来人们发展出了一套来自经济领域的新型思考方法：现在大自然处在危机之中，乃至面临灭顶之灾，原因在于人们没有用经济价值去衡量自然。所以为了保护环境，应该给大自然标定价值。

我们正在看到把自然私有化的经济现象。

毋庸置疑，2006 年斯特恩的关于"气候变化经济"

的报告是给自然标定价值活动的标志性事件，从此之后人们认识到气候变化可以给经济带来负面影响，如果人们继续无动于衷的话将付出更加沉重的代价。所以，今天给自然估算价值的项目数量众多而且众所周知，举个例子：如果从现在开始到 2050 年积极应对气候变暖现象，美国需要使用国内生产总值 2% 的费用，但如果这段时间什么都不做的话，美国的额外花费相当于国内生产总值的 20%—30%。不久之前美国遭受卡特里娜（Katrina）飓风袭击损失惨重，如果能够预先做好应对之策，飓风造成的损失要比现在小很多。如果在新奥尔良州花费几亿美元维护大坝，保护处在海平面之下的城市，更严格地遵守安全规定，那么现在就不需要花费几十亿美元进行灾后重建工作，而且还能够避免大量的人员伤亡。

废油

那么为了不袖手旁观，应该采取怎样的行动呢？在微观经济层面，包括跨国大公司在内的很多企业从二十世纪后二三十年代开始关注环境问题，而且着手实施各种环保方案，降低能源消耗，减少污染排放，避免导致环境恶化的因素。

　　除了对于环境问题的担忧，这些企业的行为还有众所周知的原因。一方面，一旦生态灾难出现，弥补损失的花费巨大。另一方面，环保行为能够体现企业的道德准则，可以在消费者与政府面前获得更好的企业形象。所以美国零售业巨头沃尔玛除广泛宣传之外，实实在在地开展了各种活动，比如把自己餐厅产生的废油用作卡车燃料。尽管如此，目前各大企业的环保活动仍然如凤毛麟角，少之又少。

　　可以观察到，考虑自身的极限不属于经济自身的"特性"。我们从今往后可以依赖经济去限制自身发展吗？另一个问题在于：是否应该"不惜一切代价"把环境保护问题带到经济领域中呢？比如，用经济眼光计算生物多样性中的所有元素就是把自然"人工化"的做法，把所有的东西找到等价物，这种做法在生态方面没有任何意义。另外，这种用金钱计算自然价值的方法把一切都压缩在了目前占统治地位的一个维度当中：经济维度。然而，经济逻辑不能引发良性行为，经济的存在原因不在于此。

"剩下的仅有钻石"

　　自然的价值不能仅仅换算成为提供给人类的服务和满足人类的需求，因为这样的经济算法会导致各种令人担忧的问题。桑德里娜·费戴尔（Sandrine Feydel）和德尼斯·德莱斯特拉克（Denis Delestrac）最近制作的一部纪录片做出了这样的推测：随着自然资源的减少，终将有一天"地球上最后一片森林、最后一条没有污染的河流、最后一块可以呼吸新鲜空气的土地的价值将超过钻石"。

从这个角度看来，生态危机对于经济因素、金融市场来说成了千载难逢的良机。绿色银行把自然看作资本，是可以取得收益的投资。可以注意到经济学词汇已经延伸到所有的自然现象当中。人们称"生态系统服务"，仿佛在称呼某个公司提供的服务一样。举例来说，蜜蜂传播花粉就是一种生态系统服务。

而且现在已经存在"碳排放市场"（marché du carbone），1997年《京都议定书》签署后出现了这种市场。在欧洲建立了欧盟各国碳排放限额交易体系，所以出现了"碳限额"，也就是说凭借限额点数拥有污染自然的权利。所以有的企业把这种限额卖给其他希望能够超过污染限额的企业。起初人们创建这个市场的目的是减少温室气体的释放，最后宣告失败。在经济快速增长的时候，分拨的碳限额数量过大，后来2008年的经济危机让整个系统无法继续运转。

桉树林

从《京都议定书》碳排放市场起源，建立了补偿原则：如果国家或者公司从事破坏环境的项目，那么该国或者该公司应该在其他地方做有益于环境的投资作为补偿。巴西跨国公司矿业巨头瓦尔（Val）公司在 2012 年花巨资赞助在里约召开的地球峰会（sommet de la Terre），被认为是保护环境的榜样，但是该企业的行为反映出补偿原则的缺点与局限。为了补偿污染活动，瓦尔公司决定在遭到砍伐的亚马孙丛林地区重新植树。实际上，这家公司种植的是单一树种——桉树，渐渐形成了桉树林。后来这片地区并没有重新恢复原始森林的原貌，而是成了另一种形式的"荒漠"，由于种植的植被单一，土地变得更加贫瘠，破坏了生物多样性。而且瓦尔公司把桉树贩卖到生物燃料①市场。这样，打着补偿原则的招牌，这家企业的利润暴增，同时继续破坏环境。可见，这种补偿机制导致了事与愿违的结果。

---

① 译者注：生物燃料指的是由生物质组成或者萃取得到的气体、液体或者固体，可以代替汽油、柴油等传统燃料。比如，用稻草、木材、稻糠、粪便、厨余垃圾原料转化成可以燃烧的气体；用椰子、黄豆、玉米加工制造出油料。

现在还存在一种"生物多样性市场"，濒临灭绝的物种成了价值不菲的商品，而且还诞生了一种新的机构：生物银行。这种银行的专业领域是生物领域，根据生物创建股票，生物的"稀缺性"越高股票价值越高。费戴尔与德莱斯特拉克展开调查，揭露了背后的秘密：生物银行购买生存濒危物种的土地，比如购买红毛猩猩和喜爱花朵的沙蝇（mouche des sables）栖息的土地，沙蝇是美国一种正在走向灭绝的蝇类。然后创建"红毛猩猩"股票和"沙蝇"股票，相当于这些动物栖息的土地。物种受到威胁越强烈，相应的股票价格越高。把自然母亲用证券资产化的方式运作，声称用这种方法保护自然，把生物多样性的命运与金融市场的涨幅起落联系在一起，居然有人想到了这样的点子。

今天，这种从自然取得的金融产品变得越来越多。经历了碳排放市场、污染权利之后，又出现了自然资源的金融产品，保险公司发明了"猫界"（cat bounds）的概念，即"灾难债券"。签订关于自然灾难的保险合同，把这些合同转换成股票，根据天气变化与地震情况这些股票的价值上下波动。这种股票在全球市场上已经价值170亿美元。

税收工具

我们正在看到的是把自然私有化的经济现象，人们认为经济是解决生态危机的途径。不少国家对此坚信不疑，于是越来越多地放手让市场解决环保问题。

但是不论如何，经济不能使自然的价值凸显出来，然而经济工具本身对于帮助人们理解自然、改变行为非常重要。政府可以把经济工具用于两个重要方面：一方面，停止资助所有不利于生物多样性、不利于气候的行为，比如停止补贴，不再给予税后优惠等；另一方面，开始税收改革。

在法国和大多数发达国家，税收政策沿袭了二十世纪的税收制度，税款都用于公共事业，比如教育、健康、社会保障。二十一世纪，保护环境将成为一项重要的公共事业，制定税收政策的时候应该考虑到这一点。

制定政策，环保税收应该变成固定的税种，同时不应该给普通纳税人增加负担。比如，可以减少因为工作缴纳的税赋，增加毁坏自然行为的税赋，这样可以平衡税收。可以针对人类从自然中获得的资源收税，而不是从工作活动中人类创造的价值上收税。这种税收体系还会降低工作成本，对减少失业率大有裨益。

　　只要创造适当的前提条件，企业竞争力与环境税收制度两者之间可以共同存在。北欧几个国家已经用事实做出了证明。环保税，尤其是针对采集自然资源征收税赋非常有效，这样可以更好地资助必要投资，而且促进其他经济类型的诞生。

"时至今日，一切还过得去……"

经济负增长

大约 1930 年的时候，流传着这样一则笑话："在有限的世界中相信经济无限增长的只有两种人：一种是傻瓜，一种是经济学家。"拥有诗人、神秘主义哲学家、和平主义者等多重身份的经济学家肯尼思·伯尔丁（Kenneth Boulding）在二十世纪七十年代初期首次谈及"经济负增长"。当时经济全球化，人们陶醉在"经济永远增长"的许诺之中，坚信最终所有人会从中获益，所以"经济负增长"（décroissance）这个词显得那么不合时宜。尼古拉斯·乔治斯库 - 罗根（Nicholas Georgescu-Roegen）是出色的罗马尼亚裔经济学家与数学家，后来流亡到美国。他与传统经济理论彻底决裂，希望吸引大家关注他所称的"生物经济革命"（révolution bioéconomique）。

　　乔治斯库-罗根认为，经济学根植于生态学之中，隶属于生命科学。经济学不能脱离于自然科学独立专属于自己的领域，如果丧失和世界其他方面的联系，经济学将不复存在。乔治斯库-罗根从热力学的知识、热力平衡状态中获得灵感，展示经济增长的局限：耗尽资源、污染环境、造成不平等现象、严重的危机、社会矛盾，最终导致社会分崩离析。乔治斯库-罗根断言，人类必然遭遇经济衰退！而在当时，乔治斯库-罗根的同行们完全没有理解他的理论。

　　那时，法国经济高速发展的"黄金三十年"（les Trente Glorieuses）进入尾声，失业率为零的情况已经是明日黄花，人们对社会发展的信心也烟消云散。当时发生了什么事情呢？1971年，美国作为第一大产油国的石油产量达到顶峰，但是日中则昃、月盈则亏，之后美国石油生产开始走下坡路。几个月的时间，美国从石油出口国变成了石油进口国。1974年出现了第一次石油危机，作为石油输出国的阿拉伯国家联手进行石油禁运，造成了石油短缺，引发国际市场恐慌。从此之后的几十年间，法国的经济增长平均值不断下滑。

　　如果不可能实现经济增长的话，"经济负增长"是不是解决方法呢？"经济负增长"具体指什么呢？经济如同独立的世界，对抗资本主义控制？全球国内生产总值经济负增长最终导致经济衰退（récession）？减少某些领域的活动，增加另一些领域的活动，获得选择性经济负增长？通过减少需求的方式降低物质与能源流动？还是说仅仅把经济贸易重新引入生物圈？

当评估经济健康状况、国家地区乃至世界发展水平的时候，国内生产总值的增长永远是各种分析的核心内容。但是在二十世纪出现了一个严重的问题：经济增长需要耗费大量自然资源，人类曾经以为自然资源无穷无尽，但现在发现自然资源蕴藏量有限。以前国内生产总值的增长与自然资源消耗的增长两者之间相辅相成，增加国内生产总值必然更多地消耗自然资源。当今可持续发展，也就是"绿色发展"向人类提出挑战，人类必须彻底割断这种联系：国内生产总值的曲线应该上升，自然资源消耗的曲线应该下降。怎样做才能隔断国内生产总值与自然资源两者的联系呢？

经济负增长不是一种程序，而是一种现象。

诺贝尔经济学奖获得者保罗·克鲁格曼（Paul

Krugman）、尼古拉斯·斯特恩（Nicholas Stern）表示可以切断两者之间的关系，然而最近几十年来的实践经验似乎证明事实恰恰相反。另外，理论学家蒂姆·杰克逊（Tim Jackson）针对经济增长的研究成果以及另外一些专家的研究成果都表明，国内生产总值增加必然导致自然资源进一步消耗，两者关系密切，无法分割。

经济负增长不是一种程序，而是一种现象：当经济增长处处碰壁，自动停止的时候就出现了经济负增长。

经济缺陷

经济学无法预见像 2008 年开始的那场波及世界的经济危机，足以证明经济学基础中存在很多缺陷。在实验性科学中，如果实际发生的情况与理论模型的预计不相符，科学家会重新考虑并修正理论模型。2008 年，当时处在统治地位的经济学理论模型没能预见经济危机爆发，然而人们并没有修正原来的理论模型，很多经济学家反而继续觉得原有的理论正确，解释很多具体事件，希望从中找到危机爆发的原因。

今天人们仔细分析了其中的一些。在法国，哲学家多米尼克·美达（Dominique Méda）指出了部分缺陷："经济学用个人主观的欲望代替了需求，这种需求可能是客观的、集体的需求，当然这些问题都可以进一步讨论。同时，因为通过经济学理论，可以得出结论——不可能出现公共财产。因为经济学认为只有各种各样的欲望才能决定用途，这些欲望具备各自的独特之处，彼此无法兼容，所以没有办法融为一体，甚至无法相互比较。"经典经济学与新经典经济学的创立者们让经济学建立在意识形态的选择之上。由于当时社会环境和范式的引导，他们把价值与用处融为一体。有价值的就是有用的，能找到消费者的东西都有价值。人们鼓励消费，认为消费神圣不可侵犯，希望"满足人类需求"，但并不关注公共财产。

时间之箭

另外，经济学通过模仿机械模型，也就是十八世纪的物理学模型建成。然后出现了查尔斯·达尔文（Charles Darwin）与萨迪·卡诺（Sadi Carnot）。世人误解了达尔文的理论，人们忽视了在演化的互动过程中环境的重要作用，得出了个体竞争基础上形态变化的理论。萨迪·卡诺引入了时间之箭的范式，引出两个主要结论：人类生活在一个有限的世界里，我们与自然互动产生的结果不可逆转。

　　萨迪·卡诺是法国物理学家，为热力学的发展做出了杰出贡献。热力学是研究物质热运动及其规律变化的科学。热力学第二定律，即熵增定律（loi d'entropie）在某种程度上是衰减的原则。万事万物都遵守的熵增定律不会毁坏物质，而使物质的组织结构分解。这种毁坏不可逆。比如我们使用能量，能量会变成动能或者电能，然后以热能的方式丢失。最终导致资源耗尽，因为在独立系统中，可用的物质 - 能量总量持续降低，最终变得无法使用。

　　比如，煤炭是有机物变成化石后的产物。这种有机物把通过光合作用捕捉到的太阳能封闭在自身体内。当煤炭燃烧的时候，会释放这种能量，于是能量散失，没有办法再次使用散失的能量。如果我们耗费手臂的能量用手摩擦木桌，木桌会发热。为什么呢？因为使用的能量会转化成热量散失掉，然后热量会向温度更低的地方转移（热空气向有冷空气的地方转移，形成风），所以最后木桌会变冷。最终手臂燃烧的热量将消失得无影无踪。

所有的生产都遵守熵增定律 ①。应用在广阔的尺度上，熵增定律可以解释为什么不可能存在彻底回收的现象，为什么资源、能量不可能"更新再生"。在经历了新陈代谢之后，环境的化学组成成分明显变化，环境的化学组成质量变差：比如碳氢燃料燃烧后向大气释放二氧化碳。

这是尼古拉斯·乔治斯库-罗根研究工作的意义所在，由于自然资源消耗、污染、环境恶化，导致社会经济后果，经济增长最终会走到极限。尼古拉斯·乔治斯库-罗根试图把经济学纳入生物圈，但经济学界始终不愿意承认乔治斯库-罗根的巨大贡献。

第三次石油危机

由于人们否认上文提到的现象，于是看不到经济发展对环境、能源的恶劣影响。能源实际上是生产的核心元素。当能源供给充足的时候，经济增长，产生类似法国"黄金三十年"的情况。但是，当能源供给短缺的时候，可以导致类似 2008 年的经济衰退。

---

① 译者注：即热力学第二定律，表述热力学过程的不可逆性，也就是热量从高温物体流向低温物体是不可逆的。

1999 年每桶原油的价格是 9 美元，2007 年每桶原油的价格上升到 60 美元，2008 年则达到 147 美元。那么 2008 年世界经济危机的原因是什么呢？美国房地产经济泡沫破裂，还是如同 1974 年那样石油价格上升？能源专家让 - 马克·亚科维奇（Jean-Marc Jancovici）详细研究了危机中的各个事件：首先发生了能源消耗量减少，然后出现了经济合作与发展组织成员国的国内生产总值下降。2008 年的经济衰退实际上属于第三次石油危机。经济学家戈埃尔·吉罗（Gaël Giraud）与泽伊内普·卡哈曼（Zeynep Kahraman）的研究成果证明了这个假设。

我们很可能已经到达了经济负增长的盈利门槛，再也没有办法提供资金、获得利润，因为能源变得稀少而且昂贵。所以我们将以贷款的方式来弥补损失。石油价格上涨的原因是不断增长的贷款，我们距离这个论断只有一步之遥：在 2008 年，是低价贷款弥合了"石油危机"导致的裂痕。

西西弗斯的神话

因为能源和经济增长关系紧密，所以为了寻求经济增长，人们开始投资非常规能源，比如说页岩气（gaz de schiste）。然而，人类在寻找新能源的同时面临另外一个大问题——气候变暖：如果说碳导致气候变暖的话，那么应该让这些碳氢燃料永远埋藏在地下，不应该继续投资开发。一方面要减少释放的温室气体，另一方面投资开发页岩气，无论在气候方面还是经济方面这样做都是极不明智的选择。开发能源、生产能源（包括弥补环境损失）花费巨大，短暂复苏的经济只会增加对能源的需求，令能源价格上涨，导致新的经济衰退。分析 2008 年经济危机后，如果我们仍然不关心能源在经济中扮演的角色，不考虑环境问题在未来的作用，那么必然如神话中的西西弗斯（Sisyphe）① 一样周而复始地重复经济危机的噩梦。

那么我们应该谈论哪种经济增长或者经济退增长呢？应该跳出这种怪圈，不要执着地认为在没有经济增长之后只能接受经济退增长。因为我们始终坚持认为要解决不平等问题，必须保持国内生产总值不断增长，所以不惜一切代价希望让经济再次增长。我们希望新近崛起的国家与发展中国家经济增长，把获得的财富重新分

---

① 译者注：西西弗斯是古希腊的神话人物，由于触怒了众神接受惩罚，每天要把一块巨石推上山顶。但是到达山顶后巨石又会滚落，所以西西弗斯只能重新开始，永无止境地重复推石上山。

190 配，借此减少不平等现象。使用创造出来的财富弥补由于创造财富导致的恶果，这样的话我们永远走不出恶性循环……最终的结果是经济到达极限，现有的经济制度轰然坍塌。

"海的声音、风的声音，多么美丽的风景！"

声音环保

在电台档案员仔细列出的"声音环保词汇表"里，有"声音自然主义""声音人类学""绿色听觉""歌唱与喊叫"，还有一个很重要的词"安静"。

从"安静"一词说起吧，很多人觉得"安静"就是没有声音，实际上这只是一种相对的概念。在我们身旁时时都有各种声音出现。1970年，作曲家约翰·凯奇（John Cage）被问到怎样定义"安静"时回答道："安静是所有我们无法分辨的声音。"

与眼睛不同，"耳朵没有眼皮"！声音无时无刻不环绕在我们每个人周围，为了保护自己或者享受某种声音，大脑会做出选择。

声音环保或者叫听力环保的宗旨是研究生物与环

境声音复杂的关系。加拿大作曲家雷蒙德·莫里·谢弗（Raymond Murray Schafer）提出了这个想法。通过迅速聆听谢弗所谓的"声音景色"（paysage sonore），他邀请人们欣赏美丽有用的声音，这样可以更好地抵抗其他声音。谢弗把其他的声音称为声音污染，这种污染对世界平衡非常有害。

声音景色无穷无尽。从动物方面来说，每种动物生活在不同的声音世界里。猫可以听到 5 分贝（décibel）的声音，要比普通人类能够听到的声音精细一百倍，也就是说猫和人类听到的世界十分不同！海豚、蝙蝠可以听到人耳听不到的声音。对于昆虫与鱼类的声音世界我们又了解多少呢？

想象一下自然界中的声音元素，那些最细微隐蔽的声音：冰碎裂的声音、沙子流动的声音，北极光和南极光发出的声音……通过加速放映或者减速放映录像的方法甚至听到花朵开放的声音，听到大山雀（mésange charbonnière）歌唱声中的三个熟悉的音符。

雷蒙德·莫里·谢弗首先想要定义基本的音色："海的声音、风的声音"，然后是鸟类的声音、昆虫的声音、海洋哺乳动物的声音。可见所有的声音都可能不被听到。自然界长期演化形成脆弱的平衡，现在遭到人类活动制造的大量噪声的威胁。

　　不过，谢弗坚持认为所有的声音与人类的想象紧密相关：在砍伐树木的时候风呼啸而逝，这样我们在伐树的同时也砍去了森林的神秘与传奇。这不仅仅是捍卫自然的问题，谢弗的工作涉及若干领域：社会学、地理学、声学、动物学。

　　这是与动植物共同生活的众多方式的一种："如同聆听乐曲一般聆听自然的声音，在这首乐曲中我们也是作者之一。"

　　自然在聆听的同时也制造声音，自然既有声音景色又有视觉景色。声音是一种波，由频率、振幅、音色决定，这样声音便拥有了自己的"颜色"。然而"声音"这个词覆盖的领域要更加复杂，作曲家米歇尔·希翁（Michel Chion）说过，声音不仅描述听觉现象，还代表了这种现象的一切。通常我们说"动听的声音"，而不会说"美丽的机械波"！

　　声音污染会驱散昆虫，干扰授粉。

　　另外，所有的声音在空气中传播，世上的生物才能彼此交流。声音的确是波，但更是消息，是互相交换的信息，声音创造了不同的世界，而且在不同的世界之间穿梭。夜里是完美的声音世界，视觉在这个世界能够发挥的作用有限，所以夜行性动物演化出卓越的听力。在海洋世界中，声音传播的速度要比空气中快，所以声音在海洋生物的世界里扮演着至关重要的角色，它们用声音发出警告，进行空间定位，吸引异性。这些世界与人类生活的世界大相径庭，自然展示出各种声音特性：根据声音景色的不同，每种生物发展出属于各自特殊的感知能力与手段。

夜莺的年纪

在描述"生命与自然交响乐"的同时，作曲家雷蒙德·莫里·谢弗试图"使区分人类世界与非人类世界的那条界限变得模糊"，这恰恰符合生态学的核心思想。谢弗解释说，"声音景色"是可以马上感知的，相对于把视觉景色置于空间之中，我们不善于定位声音景色，"声音景色让我们接近更'兼容'、更直接的自然"。

举几个例子说明声音的复杂程度。生物声学的研究显示，鸟类鸣叫的变化丰富多样。大山雀鸣叫速度奇快，人类以为听到三个音符，实际上其他的大山雀可以分辨出十个音符。而且每只鸟拥有属于自己的声音特点，有自己歌唱的方式，这样大山雀可以在很远的地方相互辨认。更令人吃惊的实验显示，仔细倾听夜莺的叫声可以猜测夜莺的年龄，夜莺的词汇量随着年龄的增长而增加：年龄大的夜莺词汇量要超过年轻夜莺词汇量的50%。而且还可以观察到夜莺有方言，不同栖息地的夜莺鸣叫的口音不同。苍头燕雀（pinson des arbres）也存在这种情况。在海洋里，座头鲸（baleines à bosse）甚至会在一段时间里传播"流行歌曲"，流行过去之后它们会放弃这种"唱法"……

对于人类来说，这是要学的第一课：不要轻信自己的感官，不要用自己感觉到的事物去理解其他和我们感官不同的生物！那些生物传递的信息要比人类想象到的复杂得多。当谈到"声音景色"或者"声音环境"的时候，一定不要忘记人类的主观感觉与感知能力非常有限！

被干扰的声呐

各种动物高呼低吼，人类世界纷繁嘈杂（包括机器发出的声音），大自然中非生物元素同样不够安静（比如波浪、雨、火、雷声），这些声音产生的源头彼此距离往往很近。除了上述列举的声音，世间还存在各种人类听觉难以察觉的声音。凭借当代先进的科技加快或者减慢这些声波的震动频率，人类才能够听到这些声音。静止的空气虽然寂静无声，不过空气流动起来就变成了风，风吹过树林或者建筑物群的时候可能呼号尖啸……

在这里可以看到雷蒙德·莫里·谢弗的思考。由于后工业社会产生的噪声，我们周围的自然声音景色处在危险之中。换句话说，人类制造的噪声正在盖过大自然的声音，森林、鸟类、昆虫、海洋哺乳动物，城市中尚存生态系统所发出的声音逐渐淹没在人造噪声当中。自然界的声音可能消失，人类以后再也听不到这些声音。

在城市地区，噪声干扰鸟类的声音交流方式，鸟类成了第一批受害者。麻雀的数量急剧减少，麻雀的世界发生了翻天覆地的变化：各种噪声掩盖了它们的声音，再也无法听到它们的鸣叫，麻雀听不到幼鸟的呼唤，天敌出现时发出的声音也被掩盖。研究显示麻雀的语言变得越来越贫乏。在农村，声音污染驱赶了昆虫，于是靠昆虫授粉的植物生长遭到干扰，这严重破坏了生物多样性。海洋世界也不是一片净土。和蝙蝠一样，鲸类游动的时候使用声呐系统：它们发出声波，通过接收到的回声判断前方的障碍。鲸类的敌人就是人类的声呐系统，尤其是军队和商业用途的声呐：在开采石油时需要探测海底，导致海洋中灾难性的声音污染。在这些海域，灰鲸与蓝鲸受到的伤害尤其严重，它们不再交流，不再繁殖，不再进食，有些鲸最终搁浅。

我们体内的噪声

完全没有声音的世界只存在于地球大气层之外，由于没有空气，所以声波不能传播。在地球上是不可能没有声音的。寂寥无声的风景当中有吹过的风声；图书馆安静的氛围里有低低的耳语声；教堂的静谧里有传来的回声。如果捂住耳朵，可以听到身体内的声音，有心脏的搏动声、血液流动声。不同声音来源在时间和空间中寻找到平衡。经过漫长的演化过程，人类、植物、动物穿过时间的长河，形成声音上的和谐。但是这种和谐非常脆弱。人类产生的噪声已经影响到"大自然宏大的音乐交响曲"，必须降低这些噪声，并加以合理控制。

"万物皆可买，万物皆可卖"

生物商品化

"商品化"给人不好的感觉。然而"商品"一词本身最初完全没有任何贬义，"商品"指的是用于交易的物品，纯粹的中性词。在"商品"末尾加上"化"字后赋予了"过度、过分"，以及"粗俗不雅"的意思，"商品化"一词只会给人负面的联想。

"商品化"的意思是把私有商业活动扩展到非商品领域，或者公共领域。比如，把供水系统管理工作、公共交通运营工作交给私营企业打理，推动私立教育，这些都是"商品化"活动的例子。而且，《大拉鲁斯词典》（*Grand Larousse*）特别指出，"商品化"是一个贬义词。人们对私有化不信任绝非没有道理，因为在全球化的巨大冲击和过度影响之下，商品化行为变得值得商榷。今天，商品化指的是当代在各个领域中不惜一切代价攫取利益的行为。

　　人们对于有些行为习以为常，并不感到吃惊，对于有些行为则觉得惊世骇俗。然而随着时间的流逝，这些惊世骇俗的行为可能逐渐被人接受，变得普通。提交生物专利、基因专利就属于这种情况。美国在二十世纪八十年代开始许可生物专利、基因专利，然后是欧洲，现在全世界普遍接受了生物专利与基因专利的概念。

　　关于这个话题，需要多花点时间仔细理解这一切究竟意味着什么。经济学家安德烈·奥尔良（André Orléan）充满担心地表示，可以针对生物提交专利"代表着人类跨过了一个新的界限……背后的利益触及人类的方方面面：健康、食品、教育、生育"。2001年，39家大型跨国医药公司起诉南非政府，指责南非政府不尊重专利权，因为南非政府为抵抗艾滋病在非洲国家的肆虐，进口抗艾滋病的通用名药物（médicaments génériques）①。安德烈·奥尔良评论道："跨国医药公司的行为让人不寒而栗，他们的做法是对艾滋病这个世界级难题视而不见。律师捍卫专利权，专利权通过提交专利

---

　　① 译者注：通用名药物也被称作"非专利药""仿制药"，是各国政府规定、国家药典或者药品标准采用的法定药物。

申请获得，提交专利是为了占有产权。"世界各地人们对这场诉讼义愤填膺，高声抗议，最终提起诉讼的医药公司偃旗息鼓。

争夺产权的活动飞速发展，生物科技的发展让这一领域产生数十亿美元价值，让争夺愈发激烈。不论司法系统如何，几乎世界各地的人们都可以对生物、生物组织的组成部分、一个细胞或者若干细胞的基因提交专利权许可申请。所有人都可以占有本来属于全人类的共同财产。当然，这么说或许并不准确，这场残酷的竞争当中，强国获胜的机会更大。这种现象引起众多道德伦理问题，尤其是对贫穷国家不公平的问题。很多大型跨国企业掠夺贫穷国家的植物基因资源，而且阻碍贫穷国家开发这些资源。

1961年缔约各方在巴黎制定了《国际植物新品种保护公约》，后来公约内容经过几次修改。当时，制定这份公约是为了职业育种者可以获得植物证明（COV）。人们认为植物种子至关重要，育种者这份职业自从十七世纪开始就得到承认，通过这份公约进一步巩固了育种者的地位。根据公约内容，育种者和农民一样，拥有权利，可以只付出很少的费用，提取并保存部分收获的粮食，交换种子，重新播种。

时至今日，欧洲、美洲、非洲、亚洲的七十个国家签署了这份公约。美国没有参与进来，因为美国从二十世纪三十年代开始决定采用植物品种专利的做法。这种来源于工业的保护方法没有考虑生物的独特之处，禁止自由使用基因材料，即使在研究领域也是如此。但是，提交相应专利的数量并不多。

"恐怖的罪行"

人类没有处在专利的适用范畴之外。

从二十世纪八十年代开始，一切都随着新技术的发展产生变化。克隆、制造基因改造组织等技术出现并日趋成熟，人们对安全控制、生产质量、保护生物多样性、知识产权等问题的大量质疑促使各个国家修改法律，就共同目标达成一致。然而直到今天这些目标还远没有实现。在此期间，世界上很多企业获得了地球上大批种子的所有权。

至于动物方面，1996年是一个具有纪念意义的年份。克隆羊多莉（Dolly）在这一年诞生，这是第一个不需要胚胎细胞诞生的哺乳动物。全世界对此反应激烈，人们就生物实验的话题展开大量讨论，生物实验开启了多种可能性的大门，其中包括克隆人类。科学家、哲学家、政治家、公民社会代表、宗教人士纷纷表明立场，指责这种"损害人类尊严与人类身份"的做法。美国评论作家杰里米·里夫金（Jeremy Rifkin）甚至认为这是"恐怖的罪行"。法国、英国、美国、欧洲理事会、联合国教科文组织、联合国的伦理委员会宣布，禁止各种有关克隆人类的实验，至少目前必须禁止。

通过提交专利等形式追逐所有权的行为已经开始。可以对生物以及发现的生物提交专利。二十世纪八十年代，美国最高法院首次通过法令，允许针对生物提交专利。当时的情况是有人对经过基因改造的细菌提交专利。欧洲紧随其后，在 1998 年 7 月，一条生物科技的法令规定，可以对动物、植物、人体的基本单位/元素——比如基因，提交专利。该法令涉及"所有生物材料，甚至在该生物材料从自然环境中分离或者通过生物科技手段提取之前已经存在"的情况，同样适用于该法令。动物植物的命运已成定局：从此之后，人类的共同财产可能成为任何希望拥有这些共同财产人的私产！

"三倍的价格"

人类同样没有处在专利的适用范畴之外。很多年来，不少携带疾病的基因已经成为专利的对象。1997 年，一家企业在美国市场推出通过分子诊断检出乳腺癌、卵巢癌的检查手段。与犹他州（Utah）大学合作的这家企业获得了针对 BRCA1、BRCA2 两种基因的若干专利，这两种基因的突变和癌症息息相关。凭借这些专利证书，从 1994 年开始这家企业是唯一可以在美国进行这种筛查检测的企业。

这种垄断地位给企业带来丰厚利润，导致研究工作严重失衡。其中的医学价值巨大，很多其他的实验室，尤其是欧洲的实验室也进行这方面的研究。所以，获得该专利的美国企业想把美国的专利规则强加给欧洲，后来遭到欧洲各方在司法上的强烈反击。2001 年，居里学院（Institut Curie）、巴黎的医院、欧洲议会、几个欧洲国家共同启动司法程序反对这家企业，最终获得胜利。整个事件的核心都围绕金钱展开，因为这家美国企业进行检查所需的费用是居里学院以及其他公立机构所需费用的三倍。如果这家企业继续保持垄断地位，那么额外的花费要由各国的社会保险承担……

基因检测的潜在市场巨大，而且健康领域的发展前景广阔。不过对社会提出的基本问题在于所有权、人体的"使用权"，不能回避这些问题，也不能把它们完全抛给市场经济解决。

极限

交易生物组织的市场催生了一个新词："生物经济"。二十世纪七十年代，法国 - 罗马尼亚经济学家尼古拉斯·乔治斯库 - 罗根（Nicholas Georgescu-Roegen）发明了这个新词。"生物经济"应该在生物演化与物理体系中代替"经济"一词。

自然资源和生物圈存在各种极限，而且传统经济否认这些极限的存在。在生物经济的规则下，则会考虑到这些问题：保罗·瓦莱里（Paul Valéry）写道："开启世界完结的时代"；哲学家西蒙娜·韦伊（Simone Weil）反复做出回应，写道："至高无上的不是力量而是限制"。

遗憾的是，各种制度只有经历了灾难之后才能看到自己的极限。发达国家组成的经济合作与发展组织在关于"2030 年生物经济"报告中率先曲解"生物经济"的含义，鼓吹这是能够推动社会 - 经济前进大有前途的"新模式"，有利于"健康、农业收获、工业进程、环境保护"。换种说法,用社会学家席琳·拉封丹(Céline Lafontaine)的话来形容,生物经济不再用来理解极限这个概念,而成为放入市场的赌注。生物经济入驻全球化进程的核心,变成"遍及农业、工业、健康等所有产业的模式,从 DNA 和细胞层面着手,转变这些产业,并以开发生物为基础,让这些产业与新的生产效率结合"。生物经济变成了一种无形经济,改变了人类与身体的关系,仿佛"卵细胞可以结在树上一样"!

"生物劫掠"

从社会学角度看,我们应该担心不平等的问题。人类基因的研究证明了所提出问题的复杂性。通过研究特定人群的基因变异,可以看出人类迁徙过程,重构疾病传播链接。很明显,在此情况下,应该清楚地解释基因变异的研究过程,并得到被研究人群的允许。但是个人允许的概念在西方社会里是不是可以和群体允许的概念画等号呢?如果这些研究通过专利的形式获得收益,贡献出样本的这群人没有从中获利,那么是不是可以把这种做法定义为"生物劫掠"呢?

因为使用这种技术实际上相当于使用他人的身体。现在存在器官捐献市场、器官移植市场,很明显只有富人从中获益，这种情况让发达国家与发展中国家，即"消费者与生产者"之间存在一道鸿沟：这是对他人绝望情绪的剥削，是美好未来的许诺——穷人同意销售自己的器官，得到许诺过上好日子，希望走出贫穷与悲惨的生活；病人购买器官后，售卖器官方实现了许诺，病人能够继续生存。

人体器官交易市场由来已久，在维克多·雨果（Victor Hugo）1811 年的小说《悲惨世界》里，芳汀（Fantine）由于贫困被迫出卖自己拥有的一切，甚至把牙齿和头发也都卖掉。

在二十一世纪，这种人体器官的售卖达到了另一个层面。社会对于肾、肝、脾等人体器官，角膜、骨髓等人体组织的需求越来越多，那么怎样才能避免人体器官与组织的贩卖之风愈演愈烈呢？这个市场极其广阔，进入了经济领域，甚至跨越了生物劫掠的范畴。众所周知，贩卖植物与动物已经是一种司空见惯的行为。印度女环保主义者纨妲娜·希瓦（Vandana Shiva）把这个市场称作"新形式的殖民、生物多样性毁灭的进程"。国际社会也在与动植物贩卖行为做着坚决斗争。《名古屋议定书》（Le protocole de Nagoya）规定了使用基因资源的具体规则，以及怎样分享基因资源带来的益处，《名古屋议定书》在

2014 年末生效。

　　人体器官与人体组织捐献人不得不考虑前文提到的专利问题。即使能够消除当下存在的器官需求与供给问题，器官移植的高昂费用依然让发展中国家的人们望而却步。发达国家在相关领域进行科研，往往是发展中国家提供科研"材料"，研究成果带来的益处恐怕也很难能够平等地分配给发达国家和发展中国家。哲学家迈克尔·桑德尔（Michael Sandell）的言语引人深思："不要把民主社会公民资格中最艰难的问题丢给市场解决。"

布柏勒省长不会把牡蛎壳混进抹布、废纸里

垃圾

垃圾学（rudologie）是一个全新的词，近四十年前人文主义地理学家让·古耶（Jean Gouhier）创造了这个词。他通过调查"城市空白地带、周边地带、污染的工业荒地、垃圾场……"，把毕生精力用于研究城市文明的课题上。"垃圾学"这一名词源自拉丁语 rudus，意思是"瓦砾、乱石、杂物、废墟"（《加菲奥（Gaffiot）字典》1934 年），同样也指"碎屑、垃圾"。垃圾往往代表"丑陋、恶臭、碍事、难以清除"这些意思。垃圾如同生长在瓦砾堆里边的杂草一样，与人类形影不离，只要有人的地方就有垃圾，因此人类对垃圾并不陌生。

其他生物也产生垃圾，但是枯叶、昆虫尸体、动物排泄物可以自我分解，反过来为生态平衡做出贡献。而

人类则不然，人类使用过数不清的产品，不论是液体还是固体，作为垃圾丢弃以后无法为自然回收利用。垃圾虽然被丢弃，但是并不代表没有用处。垃圾学就是研究垃圾的学科，提出合理利用垃圾的方法。

垃圾的历史与人类历史密不可分。在史前时代，人类只是远离自己产生的垃圾，当时的垃圾主要是残羹剩饭，可以在自然条件下分解腐烂。到了古罗马时代，古罗马人极具创造性地在城市里修建垃圾排放网络，古罗马国王卢基乌斯·塔奎尼乌斯·布里斯库斯（Tarquin l'Ancien）把罗马建在台伯河（Tibre）上，城内的垃圾排放网络遗迹今天仍然清晰可见。

数以千计来自乡村的人聚集到城市贸易，正是这些人导致很多问题出现。在中世纪的巴黎，人们在外边走路时必须跨过堆积在路上的各种垃圾，而且还要经常抬头看天，因为会有居民一边喊"下边小心了"，一边把桶里的垃圾从楼上的窗口倾倒而出。这种"把垃圾扔到街上"的做法持续很长时间，后来才出现了"下水道""排污渠"一类的设计。在其他国家的首都，比如伦敦，人们发明了人行道。人行道高出地面，这样可以避免裙子下摆和皮靴粘上污秽与垃圾。在法国，尽管出现过几次垃圾治理的尝试，但直到十九世纪才出现了石料铺设的道路以及真正意义上的排污系统。1506 年左右，在法国国王路易十二统治之下，曾经征收过"污泥灯火税"，当局想让人民为了照明缴税，由于民怨鼎沸，不久之后这项税收就销声匿迹了。大多数垃圾和过分碍事的杂物，以及"污物、粪便、动物残骸"一起，通过"道路系统"被运到城市边缘。

最终，欧仁·布柏勒（Eugène Poubelle）登上了历史舞台，这位睿智的省长在 1883 年设计出带有盖子的容器，即今天的垃圾桶，在法语中他的姓氏"布柏勒"（poubelle）变成了"垃圾桶"的代名词。他规定所有房主必须为住户配备垃圾桶，规定非常严格，而且当时已经诞生了垃圾分类的概念：禁止把"家庭垃圾、玻璃、牡蛎壳与扇贝壳"混在一起！但是当时的人们并没有严格遵守这项规定。

垃圾学要给垃圾赋予新生命，不论垃圾是否经过处理，人们可以凭借垃圾学的知识从日益增长的各类垃圾中获得益处。研究垃圾学本身并不能帮助人们对垃圾暴增的现象进行深层次思考。不过为了减轻污染，把垃圾控制在合理范围内，尽可能重复利用垃圾，应该首先从根源上解决问题，即理解为什么人类会污染，然后搞清楚为什么垃圾数量会加速增长，导致污染蔓延全球。

"这属于我！"

第一种是传统解释，即对工业文明的批评、对经济增长的批评。这种解释成为广为接受的版本：人们永远追求更多的东西，始终感到焦虑，对浪费行为如醉如痴。

留下气味与痕迹、弄脏、玷污、污染是在宣布所有权。

但是还存在另外的解释，米歇尔·塞尔（Michel Serres）在《独有的罪恶》（*Le Mal propre*）一书中给出了另一种版本的解释：弄脏、污染行为的根源在于所有权。这是一个重要的论题，因为它触及所有权的现代概念及其来源。

现代的思想家发明了关于自然状态下人类的传说和社会起源的传说，这些思想家把最高权力（souveraineté）建立在理性基础上，而不是在神性基础上。

让-雅克·卢梭（Jean-Jacques Rousseau）认为，人类决定走出自然状态：因为自然"不够友好"，自然迫使人类聚居在一起彼此依存、互相保护。哲学家卢梭把所有权定义为一种人类的发明："有人第一个把一块地圈起来，大胆地说，‘这属于我’，然后发现其他人非常单纯地相信了他的话，这个人是文明社会的奠基者。"

这是社会契约（contractualisme）传统政治理论，根据这种理论，人类最终变得理性，凭借"社会契约"走出了自然状态，也就是说组成了社会。人们常常把另一个社会契约论者托马斯·霍布斯（Thomas Hobbes）与卢梭比较，霍布斯认为"对于自然状态下的人类来讲，人等同于狼"。社会是一种人工状态，这种状态能够保护人类免遭自己毁灭性冲动的威胁。

"杉树冰冷的阴影"

今天，塞尔日·莫斯科维奇（Serge Moscovici）等生态哲学家质疑上文提到的传统政治理论，甚至凭借动物行为学和当代植物学的研究成果质疑这种理论：文化、所有权、污染（甚至植物中也存在污染）这些现象在动植物中都存在，"社会"这个概念绝非人类所独有。

实际上人类从来没有"走出"自然，自然与文化从来没有分离。人类是自然中的生物，社会的演化属于自然演化进程。

最高权力（souveraineté）的起源实际上是污秽。米歇尔·塞尔（Michel Serres）说过，生物通过污秽获得所有权，并且保持所有权。我们污染世界为的是占有这个世界。这并不是人类才有的特性，很多种类的动物都会通过排泄物划定领地。甚至一些植物也通过类似方法占有土地："杉树冰冷的阴影下寸草不生"。

这种占有的方法并非来自文化，也不是像传统理论所说的那样来自权利或者公约，而是来自动物的天性。用自己的气味、痕迹划定界限，弄脏、污染是占有的标志。另外，没有任何污秽，洁净、纯洁的东西代表着没有主人，所以吸引占有者前来！换句话说，人类的污染行为不仅仅是放纵的资本主义所导致的恶果，人类污染地球是为了占有地球，把自己变成"主人和拥有者"（笛卡尔名言）。所以应该在权利层面对抗污染行为。

米歇尔·塞尔写道："为了治理污染"，应该"把所有权作为核心问题对待。这也就是为什么我会谈到'自然契约'：把地球当成拥有权利的个体。自从远古时代权利的概念就不断变化，以前孩子、女性、奴隶、外国人……都没有权利。今天，所有人都拥有权利。为什么不把权利的覆盖面扩大到物体、植物、其他生物上去呢？把拥有权利者的概念扩大，自然环境为什么不可以在司法面前提起诉讼呢？"

"吞噬垃圾"

虽然所有生物都会产生污秽，改变周围环境，但人类有一个特殊之处：自从工业革命之后，人类是唯一一种能够产生非有机垃圾的生物。而且，污染这个概念直到十九世纪末才被人接受，以前人们只是谈论"危害""破败"这类概念。

工业革命把经济从自然界的新陈代谢过程中剥离出来，改变了垃圾的"性质"，垃圾再也不能进入生物 - 地质 - 化学循环中了。垃圾脱离出营养网络，走出了从自养生物（自己能够产生生物组织）到"吞噬垃圾生物"或者"分解者"（食用死亡有机组织）的食物链。生物与非生物之间的能量与物质循环中，也同样没有垃圾的位置。

金属、塑料、化学、电子产品、农用肥料侵占了土地，持久占据空间。二十世纪甚至产生了超级垃圾：放射性垃圾。在发达国家里出现了另一种社会，诞生了另类的消费模式。垃圾场数量急剧增加，因为人们总是要新东西，人们再也不维修已有的东西了，随时抛弃坏掉的东西：二十世纪出现了所谓的"过时经济"。汉娜·阿伦特（Hannah Arendt）用疯狂的语句总结这种经济的能量："在现代社会中，可能最终导致世界毁灭的不是'破坏'，而是'耐久性'"，因为"物品持久不坏，不能分解腐败这种特性本身就构成了大问题。当今人们越来越快速地更换自己拥有的物品，更换自己拥有的物品成了一种常态，而更换下来的物品却不会消失，始终存在"。

全球各地的居民都养成了快速更新自己物品的习惯，不禁让人担忧。不过这些习惯同样令一些人精神振奋，社会学家、哲学家、经济学家为了理解当今社会，着手翻找垃圾桶。本来令人讨厌的垃圾成了提供信息的来源，垃圾是人类在各个地方留下的足迹，甚至在人类无法涉足的地方也留下了垃圾：深海之下、苍穹之上，甚至地球周围轨道上的卫星同样属于垃圾。可以总结一下，即使世间万物的特点就是肮脏，但是人类的特点并非如此。至少从最近的年代开始直至今天，人类所作所为的目标是决不让肮脏成为人类的特点。

"抗议办公室生活！"

工作的用途

这句话是英语，通常情况下应该翻译过来，可是英语原文非常动听，所以此处原文呈现给大家："bullshit jobs"。通常说来，讽刺作品如果直接使用这种题目的话读者一定会很开心。人类学家、经济学家大卫·格雷博（David Graeber）采用了这个题目做自己所撰书籍的标题，这个题目后来在很多国家被多次引用。格雷博非常赞同2011年"占领华尔街"金融中心的运动。如果礼貌、低调地把"bullshit jobs"翻译过来，可以翻译成：无用的工作、虚假的工作、差劲儿的工作……格雷博表示，"办公室的大多数工作任务"都属于这种情况。

很多员工把自己的时间用在无用的工作上，同时清醒地了解这些工作有多么愚蠢！大卫·格雷博在书中写道："无论你怎么评价护士、清洁工、技术工人的工作，只要这些职业消失的话，灾难性的后果必然立刻显现。"同样，教师、码头工人、科幻小说作家、音乐家这样的职业如果消失，一定会出现类似的糟糕结果：人们必然万分怀念这些职业。

或许公司总经理、销售、媒体协调员、法庭执法员、顾问这些职业消失也会造成不可挽回的后果？大卫·格雷博给出了答案：当然不会。"很多人甚至认为没有这些职业的话生活会变得更加美好。"原因很明显：由于技术进步，二十世纪三十年代凯恩斯（Keynes）预言未来工作时间将减少，但是上述这些职业出现，目的是"迫使我们继续工作"。金融服务、人力资源、行政工作、公共关系等都是人为扩展工作范围后诞生的职业，没有一丝一毫的用处。

显而易见，这样的言论必然会引起轩然大波。一方面，有人对此直白地表示不满。他们认为这种批评没有道理，世界经济运行导致世间万物越来越复杂，伴随新生事物的出现必须有新的处理办法，通过咨询与交流等方式才能更好地完成销售任务。有人论证个人工作的意义，个人工作对集体成就而言有着必不可少的贡献；有人拿这些工作与二十世纪远远不够光鲜的工作对比……另一方面，网民在社交媒体上进行了沸沸扬扬的评论，大多数网友对格雷博的观点热情赞扬，有些表示讽刺，有些贡献了自己的想法……一位观察人士指出，正因为办公室的存在，才让人有了面对电脑的闲暇时间，这些网友有空闲发言评论就是证据！

围绕着"bullshit jobs"（没用的工作）的讨论，让人不禁质疑在现代社会中工作的质量和作用究竟如何。我们想要哪种类型的工作？我们应该把多长时间花在工作上？我们希望在什么条件下进行工作？

对事业的恐惧合情合理，汉娜·阿伦特（Hannah Arendt）说过："无法想象在一个工作者组成的社会中一个人没有工作要怎样生活。"约翰·梅娜德·凯恩斯（John Maynard Keynes）则说出了更具挑衅意味的言语："宁可雇人做挖坑后把坑填满的工作，也不要沉沦在经济衰退与失业率飙升的困境中。"从二十世纪最后二十五年开始，失业再次成为欧洲担心的问题。大规模的人口失业伴随工作条件恶化，这种情况非常险恶，员工的情况变得越来越糟糕。包括法国在内若干国家的失业率始终居高不下。

在经济没有增长环境下的工作

新的工作除了提供就业岗位以外，没有任何存在的意义！

怎样做才能在保留现有工作岗位的前提下创造新的就业岗位，这个问题让各国政府头痛。这也解释了为什么一些已经不适合现代社会的行业虽然对环境保护有害，但是仍然被保留下来，比如生产塑料袋的工厂、生产铝制罐头的工厂、污染环境的化肥厂。当局担心为了降低环境污染程度、控制过度消费会最终导致相关的工作岗位消失，这种情况已经出现在汽车工业和化石能源工业中。

同时，人类自己明白应该使经济转型，以后应该把经济目标的重点放在高质量和可持续性上来，通过这种方式惠及公众。如果人们坚决走上这条道路的话，那么就会需要数量更多的工作岗位，只要合理分配这些工作岗位，就可能让更多的人从中获益。经济学家让·加德瑞（Jean Gadrey）坚信："由于上述原因，生产方式需要转型。而且在大多数领域和未来几十年里，新生产方式需要的工作岗位数量和创造的附加价值不但不会比原来

220

少，而且很可能更加客观。"

目前的经济增长数字并不能体现质量和可持续性，这些数字只能告诉我们产品数量的增长。疯狂追求生产率的提高，付出的代价却是产品质量的下降，很多情况下也会导致自身工作质量的下降。让·加德瑞表示："我们可以拥抱可持续经济发展，这种发展既有革命性，又能够创造大量工作岗位，而不追求数量上的增长。因为在尊重自然的前提下发展，需要更加温和的生产过程方式，需要节省能源、原材料和水，这样需要更大规模的人力。所以和污染与过度开发自然资源的生产方式相比，这样会创造出来更多的工作岗位。"只要制定政策，合理分配工作时间和休息时间的话，就会创造出数量更多的工作岗位。

绿色与"正在变成的绿色"

与环境保护相关的工作有时被称为"绿色工作"，对这种工作的定义过于模糊，有时令人难以判断。和人们通常想象的不同，比如在户外、公园等自然环境的工作岗位仅仅是环保相关工作的一小部分。环保领域还有很多服务性质的工作，这些工作需要的劳动力不必经过长期培训，包括工人、技术人员（比如维护人员、净化人员）。不论是威立雅环境公司（Veolia Environnement）、苏伊士环境公司（Suez Environnement）这样的跨国企业，还是小型私营企业，抑或是地方政府，都在寻找预防治理污染的专家、管理垃圾和污水的专家，用于土地治理和生活环境改造。传统工业也需要管理者、质量负责人、安全与环境负责人，而且还需要能源效率专家，这样才能实施环境标准。除了这些潜在的工作岗位之外，还需要"正在变成绿色的"职业。这些职业现在已经存在，而且正在改变，涉及的范围有运输、物流、采购。

环保行业正在迅速发展，但和经济领域其他行业一样遭受 2008 年经济危机，比如在公共工程（BTP）的核心业务——从传统能源转换成新能源的行业中，工作机会在最近二十年里大幅减少。另外，在类似太阳能电池板一类的创新行业中，创建了"绿色"工作岗位，但是多数情况下找不到接受过相关培训的应聘者。有些属于经过微调的工作岗位，而且这些更加现代化岗位的工作条件正在变差。

两种前景

尽管如此，很多人寻找工作，长期看来前景依然不错。在法国，就业问题可能影响能源转换领域的政治决策，所谓"能源转换"指的是大规模发展能源经济和可再生能源，这种转变非常积极，到 2020 年应该创造出 240000 个全职工作岗位，到 2030 年前再额外创造 600000 个工作岗位。环境与发展国际研究中心（Cired）在 2010 年发布的研究结果中给出上述预估数字。上边的情况是第一种前景，报告对第一种前景和第二种前景做了比较，所谓的第二种前景指的是继续最近的演变，实施已经决定的政策。如果走向第一种前景，和 2010 年相比，在 2030 年能源消耗释放的二氧化碳会减少一半，到了 2050 年，释放的二氧化碳将是 2010 年的十六分之一，上边的数字是在没有捕捉 - 储藏二氧化碳，没有建设新核能发电站，关闭已经工作四十年核电站的前提条件下得出的结果。这样，把一些参数加入计算中，再加上对能源价格、工作效率变化、家庭与行政机构之间成本分配，消费 - 储蓄平衡之后，不论怎样，最终对就业情况都会有非常正面的影响。

新职业将塑造明天的世界，新职业不仅出现在高精尖技术领域，还出现在农业环保、居住、交通领域。所以，应该开发新的资质，为所有人提供接受培训的机会。为了适应经济新变化，让职业更加环保，人在一生中应该接受多次培训与学习。然而在法国，不平等在人们一出生时就已经注定了：共和国提供的教育无法减少这种不平等现象。社会阶层的流动性在"黄金三十年"（les Trente Glorieuses）的时候非常活跃，但是现在的社会和那时相比并没有变得更加公平，那是因为社会高层经营、设计了整个的社会结构。社会学家卡米尔·谱尼（Camille Peugny）认为，不平等的情况依然会在代际间传递：十个管理层家庭的孩子中有七个长大后依然做着管理层的工作，大约同样比例的工人家庭的孩子会延续父辈的工作。

未来社会的人们将生活在一个稀缺的环境中（物质稀缺、较少消费）。以前一个人从儿童到青少年时期接受的教育可以决定自己的人生，那样的模式将消失不见，转而出现另外的教育模式："终生学习的全面普及教育"。只有这样才能让人们不论年龄多大都可以适应不断变化的经济社会。

真正的自由

在今天疯狂追求经济高速增长的竞赛中，如果想保证就业率达到令人基本可以接受的程度，需要社会维持在一定的消费水平上，于是商家使用各种诡计促使人们消费。大卫·格雷博在他著名的作品《没用的工作》

（*bullshit jobs*）一书中对这种情况大加鞭笞。人们总是把系统变得更加复杂，目的在于证明创造新工作是正确的。甚至这些新工作没有任何意义……几乎算不上真正意义上的工作，即便如此也在所不惜。同样，人类预先设定好商品的过期时间，有计划地淘汰商品，让消费者丢弃自己已经买到商品的行为达到顶峰。这样做的目的在于人为推动消费，创造需求，于是创造了新的就业机会，至少不会毁掉已经存在的就业机会。人们始终对失业心存恐惧。

面对这条死胡同，大卫·格雷博提出了创建全民补助的解决方案，就是没有任何区别地给每位居民从生到死定期发放补助。这种想法和哲学家安德烈·戈尔兹（André Gorz）的理论不谋而合，安德烈·戈尔兹以前曾经挺身而出反对使用工资制度定义工作。

大卫·格雷博认为给社会每名成员基本收入保障的想法是启蒙时期理论的延伸，因为这是公民权的物质化体现，也是执行公民权的具体表现。托马斯·潘恩（Thomas Paine）早在十八世纪就已经表示："如果不拥有最低限度的资源，那么新公民无法完全享受共和国的自由、平等、博爱。"比利时哲学家、经济学家菲利普·范·帕里斯（Philippe Van Parijs）自从 2000 年左右开始表示应该给社区里每位成员，不分个人情况不分工作，一视同仁地分发补助，这样才是确保真正自由的前提条件。

　　安德烈·戈尔兹谈到过建立"生存收入"制度。戈尔兹认为凭借这种收入人们应该可以脱离当前社会上实行的工资制度。这样任何人都不必被迫接受有失尊严、艰苦、无用、污染严重的工作了。安德烈·戈尔兹还表示，"生存收入"必须足够高，因为"基本工资越低，人们就越容易接受糟糕的工作"。他希望"生存收入"制度能够调整经济：如果有些职业不再引起人们的兴趣，社会就没有其他选择，必须找到自身问题，重新规划社会组织形式。

个人信息

　　不论受到什么批评，各种想法不断发展，人们都在开放地讨论。在加拿大、美国、纳米比亚等国局部地区，已经开始尝试上文所提的对所有公民无差别分发补助的试验。在瑞士，2012 年 4 月开始了相关的群众活动。2016 年，瑞士公民将通过全民公决的方式决定是否要建立给所有公民每月分发基本补贴的制度。

　　对于辛西娅·孚勒里（Cynthia Fleury）等其他哲学家来说，必须执行这种全民补贴的制度，由于很多"隐形"工作已经强加给所有公民：网站市场部门、大型商店、社交网络等不断要求每位消费者交出大量的"个人信息"，促成了这些企业的发展壮大。所有公民 - 消费者在自己毫不知情的情况下为企业服务，这些服务应该得到报酬。因此，必须无条件为每位公民发放补助。

"只需要进入循环即可"

循环经济

"近代化学之父"安托万·德·拉瓦锡（Antoine de Lavoisier）是第一个发现氧和氮的人，但是在 1794 年 5 月法国大革命的"恐怖统治"（la Terreur）时期仍然无法逃脱被斩首的命运。拉瓦锡发现了质量守恒定律（La loi de conservation de la matière），写下这样的结论："没有任何东西会增加或者减少，一切都在转化。"当然，这条定律针对的对象并不是循环经济，但是与循环经济的思想达到了严丝合缝的完美契合。请看："……艺术行为、自然行为中，没有任何东西被凭空创造出来，在所有行为里，我们可以说在行动前后的物质总量相同，原则上质量与数量不变，出现的仅仅是转化与改变。"

循环经济的指导思想就在于此，这种新型的经济方法要求尽可能在节省原材料、能源的前提下生产商品，提供服务。循环经济的拥护者在产品与服务寿命结束时仍然避免毁坏产品，甚至赋予这些产品第二次生命、第三次生命。循环经济的拥护者认为，只要使用得当，所有的产品与服务都可以进入这种良性循环。

当然，产品的性质各不相同，不可能用同样的方法去处理所有产品。源于有机物质的材料很容易重新返回生物圈，对于含有技术含量的产品，应该在付出尽可能低代价的前提下，找到更好的修理条件与回收方法。可以考虑把这些产品中一些组成部分取出用作其他用途，最终准备回收这些产品。可见，这种循环的逻辑如下：在产品生命周期的每一个阶段都力求创造价值。这与传统的线性生产模式完全相反。和循环经济背道而驰的是通过各种尖端技术手段，把产品人为地计划报废，这样做的目的是减少产品使用寿命，鼓励消费者购买新产品。

至于服务领域呢？同样可以进入循环模式，因为服务销售的是对产品的使用权而不是产品本身：这就是所谓的"功能性经济（économie de fonctionnalité）"。这种模式可以用在城市中自行车、汽车的自助使用服务上，自行车与汽车不断在消费者之间轮换，对于消费者来说他们购买的是使用权而不是产品本身。

社交网络对这种原则理解得非常透彻，这么做有利于循环经济。社交网络鼓励二手交易、交换、修理、赠送，而不是简单地丢弃，在社交网络上人们希望共享产品与服务。互联网上体现出的勃勃生机以及互联网的成功，吸引很多企业，创造出新的市场，催生新的能力，新型经济模式的原则是："不遗弃任何东西，一切都可以转化。"

从竞争模式转变成合作模式并不容易，起步非常复杂，需要花时间说服相关各方，而且转变模式的经济成本很高！对于这种转变持怀疑态度的人常常就成本问题表示质疑。尽管循环经济具备多种益处，但是就目前情况看，对循环经济的讨论完全可能沦为空谈！

根据线性经济（économie linéaire）原理，事物在启动的进程中，一切都要首先出现，然后衰退，最终消失不见。接下来这一过程不断重复，重复的频率越来越快。全世界如同登上"不断加速狂奔的列车"，线性经济启动的进程是这个"不断加速世界"的产物。汉娜·阿伦特（Hannah Arendt）洞察力惊人，早就预见到这种情况：维持资本主义经济的必要条件是"不可以出现持久、稳定的状态"。我们生活在一个万物皆可以丢弃的社会，同时，对于人类来说物质与财富是社会地位的象征，所以人们会不断积累物质与财富。

灵丹妙药

人们往往把循环经济理解成简单的垃圾回收再利用，所以循环经济成了线性经济的对立面。回收避免浪费，可以实实在在地节约资源。麦肯锡（McKinsey）事务所研究后认为，欧洲如果采用循环经济，每年可以在原材料上节约 3800 亿美元。这是一个惊人的数字，而且这种做法还会带来另外的重大收益：在本地创建工作岗位。目前法国有 120000 人在垃圾管理行业工作。匈牙利经济学家、历史学家卡尔·波兰尼（Karl Polanyi）认为，这样可以把经济循环"重新嵌入"自然的新陈代谢中，让经济循环进入生物 - 地质 - 化学的大循环。

为了经济能够"循环"，那么就不能让新的元素进入这个"圈子"。

但是世上不存在灵丹妙药，不可能一劳永逸地解决所有问题。为了循环经济能够成功，必须有两个前提条件：减少消费、环保设计。另外，如果经济增长率始终居高不下，循环经济根本不可能出现。

熵

　　政府部门的工作自相矛盾，一方面，努力增加工业活动，另一方面又表示要全力转向循环经济。为了经济能够"循环"，那么就不能让新的元素进入这个"圈子"。所以，绝对不可以增加"线性消费"，经济增长率在1%以下的时候才能保证有效的循环。如果市场需求旺盛，循环经济不可能满足新的消费需要，结果必然会进一步消耗自然资源。"富强城市"公司总经理弗朗索瓦·格罗斯（François Grosse）仔细研究过这种现象，他列举了一个铁矿的实际例子：目前钢材的年产量增长率是3.5%，钢材循环利用率超过60%，但是这不足以满足需求，为了满足增长的需求必须进一步开采铁矿，无法保护铁矿资源。换句话说，如果不减少消费，自然资源终将走向枯竭："根据适度原则和回收程度，目前还没有提出循环经济的问题。即使垃圾回收再利用的比率达到100%，由于经济增长，必然需要消耗新的自然资源。从长远看，将来由于资源枯竭的原因，人类必须采用循环经济。"而且这种计算方法还没有考虑由于循环使用，原材料质量下降的问题，这就是熵定律。

从摇篮到摇篮

传统经济模式使用原料、改造原料制成产品，最终丢弃，这种"从摇篮到坟墓"的模式要结束了。人类通过模仿大自然（亚里士多德认为这是真正的艺术），可以走向另一种"从摇篮到摇篮"的新型经济模式。新经济模式如同生态系统一样，是一个协调的整体，物质与能量流在封闭的循环内部流动。在生物圈，这种流动能够保证稳定，让生物在进化的同时不毁坏任何东西：大自然可以完成转化。循环经济的目的不是限制人类活动的影响，而是让人类活动的影响起到积极作用。

"从摇篮到摇篮"的经济模式可以躲过各种暗礁，代替了工程师在经济循环中的中心地位，不用考虑最后产生的垃圾问题，限制了材料质量的下降，而且让有毒元素不再继续循环。二十一世纪的经济模式下，会让所有的物质都进入技术循环与有机循环。

这种做法的关键在于不要再把注意力集中在垃圾上，而是应该集中在原材料上。弗朗索瓦·格罗斯提醒公众，在经济活动中，和使用转化垃圾生产的方式相比，使用新型原材料生产的方式对环境的破坏程度是前者的 40 到 100 倍。垃圾循环再利用是"循环经济的手段，而不是循环经济的目的"。

进入圈子

今天的某些地方已经发生了令人瞩目的进步。比如在美国的旧金山（San Francisco）：该市设立目标，在2020年达到零垃圾的状态。尽管目前这仅仅是一条口号，但是经过努力旧金山已经取得了骄人的成绩，十几年间垃圾回收利用率已经达到了80%。

达到目标的前提条件是不要把垃圾当成负担，而是要看到垃圾的价值。第一步：避免浪费。鼓励旅馆、酒店回收垃圾，把垃圾转化成肥料。严禁使用塑料袋。要求建筑行业回收混凝土、金属、木材。旧金山市在进行公共建设工程的时候只允许使用可回收原料。最近，城市推出新规，禁止在公共场所贩售塑料瓶包装的瓶装水。

法国各个地方政府可以把旧金山作为榜样，很可惜，大多数法国城市把资金投入建设垃圾场、焚化炉上，而且地方政府部分通过合同与整个体系相连。由于利益关系这些城市不愿"进入垃圾回收的圈子"。尽管如此，有些城市依然实现了巨大进步。不到十年的时间，雷恩（Rennes）减少了30%的垃圾产出。这座城市试验了各种环保方法，其中包括不再在超市里使用塑料袋、建立自

234 行车修理体系，等等。

但需要再次强调的是，如果社会继续鼓励消费，追求经济增长，那么上文提到的努力仍然远远不够。

"我们从远方来，为了参观英国德文郡托特尼斯市"

转型城市

在参观"转型城市"（ville en transition）的典范英国托特尼斯市（Totnes）之前，需要首先解释清楚什么是"永久种植"（permaculture）。"永久"和"种植"这两个概念看起来风马牛不相及，"永久种植"指的是"长期不断的农业种植"，该种植方法与每年种植作物、种植单一作物的传统农业耕作方式不同，采用的是更具备创造性的农业种植体系：比如，使用树木和多年生植物，不浪费任何资源、不毁坏任何东西。这种想法诞生于二十世纪七十年代第一次石油危机的时候，很快拓展为"永久种植"的概念，可以应用在其他领域：运输、建筑、能源、社会活动、文化活动，所有和集体生活有关的领域都可以用到。具体说来就是用其他的方式行事，其目标明确：逐渐改变社会。"永久种植"的概念长时间并不为人所知，在2000年前后开始出现转机，这种概念流传到世界各地，很多人对此提出很讽刺的评论，而且"永久种植"的拥护者还分成不同的派别，最极端的派别彻底脱离社会。"永久种植"的概念可能是保证社会改变的终极方式。

但另外一些人更喜欢鼓励多种革新思想彼此碰撞，集中各种力量更好地设计出深度变革的方式。世界上几座城市都在执行这样的方案，英国的托特尼斯市就是其中之一。托特尼斯市到处矗立着古老的房屋、缀满鲜花的酒吧，还有诺曼式城堡的遗迹，见证着这座城市悠久的历史。这座共有8000余位居民的城市建在临河的山岗之上，顺河航行可以直接入海。2006年，托特尼斯成为第一座成功采纳转型模式的城市。

一支重要的新纪元运动（new age）^①群体居住在托特尼斯市，托特尼斯市发展的目标在于可以能源、食物自给自足。换句话说，托特尼斯市会尽可能少地依赖外部的供给。为此，城市在各个方面都选择最大限度节约的方式：

---

① 译者注：新纪元运动（new age）指的是二十世纪、二十一世纪摒弃现代西方物质至上的价值观，关注精神生活的一股思潮。

用太阳能烧热水，尽量使用本地产品，使用当地的区域货币（monnaie locale）鼓励人们消费本地产品，使用有机垃圾（马铃薯皮）产生能量供给交通工具。为城市设计详细的低能耗计划获得了市政府许可，并且被当地居民接受。预计每年每位居民消耗石油不到一桶，各种改造的目的在于使这座城市能够承受资源短缺的冲击。

英国托特尼斯市希望能够成为后石油时代人类城市的典范。人们从遥远的地方来参观托特尼斯市，然后采用类似的方法在本地推广托特尼斯市的经验，比如加拿大、智利、澳大利亚、新西兰、美国。大多数情况下，公民运动支持推动这些试验，而当地的精英、企业、其他居民则对此表示怀疑。城市转型依然任重道远。

通过托特尼斯可以学到两条经验。第一，经过小群体的努力可以让当地所有人承担起社会责任，并且掌控未来的命运。第二，从某种程度上来说，生态危机、自然灾难可以成为有效的动力，迫使人们开辟新道路，开展新的集体行动。

"转型城市"思维的核心是"弹性"的概念。

"石油顶峰"

推崇转型城市概念的人往往会用临近的"石油顶峰"（Pic pétrolier）作为论据，"石油顶峰"指的是世界石油达到最高产量的时候，接下来必然是石油产量逐渐下降，最终枯竭。几年前就有人预言"石油顶峰"的到来，之所以大家觉得这个顶峰迟迟未到，是因为人们想象的石油顶峰和实际情况不尽相同。

"石油顶峰"指的是资源枯竭到来的标志，给人的感觉仿佛达到顶点之后骤然下降。人们在油田也会使用这个术语，描述产油量达到顶峰平台期后开始下降的那个时刻，在美国、英国、挪威、墨西哥的油田都出现过。但是世界石油顶峰与油田石油顶峰的概念存在区别，世界石油顶峰持续的时间要长很多。我们现在很可能已经进入了"石油顶峰"阶段。国际能源署（AIE）始终对能源前景持乐观态度，即便如此，根据他们的报告，世界原油产量自从 2006 年开始就再也没有增加过。所以石油顶峰的后果会通过一系列大大小小的危机逐渐显现。"顶峰"并不是某个日期，而是一个过程。

经济负增长解决方案

一小群人怎样才能发动整个城市行动起来解决一个不易察觉的问题？政治学家吕克·瑟玛尔（Luc Semal）对说服托特尼斯市转型采取的策略做过长时间研究，认为策略可以分为三个阶段。第一阶段是教育阶段，让居民意识到问题所在：也就是宣传石油顶峰之后带来的后果，给日常生活、当地与国家的经济社会生活带来的影响，让居民感到"恐惧"。第二阶段需要组织当地民主商讨的活动，比如设立让所有人都可以参与的讨论地点。这样的活动非常必要，可以避免由于过分恐惧导致所有居民索性无动于衷的局面。讨论的同时还要组织工作室，这样市民可以为自己的城市设计各种运作模式，想象出多样的"朴素"生活方法，应对将来的危机。这些场所可以让人们落实能源问题、经济负增长问题的解决方案。第三阶段是实施阶段。居民可以在自己的居住地实施设计方案，比如使用区域货币、在公共建筑安装太阳能电池板、建设共享花园、公开商讨农业生产模式。

必不可少的弹性

于是当地形成了合作的文化，集体预防生态危机的能力增强，目的是预防环境恶化带来的恶劣后果。在"转型城市"和新思维中有"弹性"的概念：因为经济上将出现越来越多的冲击与不稳定情况，必须要做好准备。在托特尼斯市，"弹性"的具体表现是尽可能在本地处理解决所有问题，获得必要的能力实现当地的各种计划。城市的转型需要发明新型的合作方式：考虑如何应对资源减少的情况，考虑怎样分配资源。

转型城市活动在托特尼斯市大获成功，这一点毋庸置疑。短期内这类成功不太可能在同样的条件下在其他地方复制。托特尼斯市是一座居民不到一万人的小城，现在还不知道怎样大规模复制同样的模式。另外，当地很多居民坚信环保活动，对于各种革命性方法持开放态度，所以这次尝试也得益于当地居民的支持。毫无疑问，项目成功的关键在于是否有开放民主的空间，能否请当地居民组成各种工作小组积极参与进来。

灾难的威胁

有人在英国、加拿大、智利、澳大利亚、新西兰、美国进行"城市转型"的试验。托特尼斯市作为范本提供了严密的工作框架，需要动员广大居民统统参与进来，但不做强制要求。

在托特尼斯市，未来灾难的威胁是成功的元素之一，这种威胁可能导致人们放弃努力，项目彻底瘫痪，但是在一定的条件下也能够促进城市转型顺利完成。这类尝试目前主要集中在小型城镇和乡村，面对全球化的巨大浪潮，当前进行的城市转型试验远远不能满足未来的需要。农业必然是城市转型的重要工具，但是今天 50% 的人口居住在城市，到了 2025 年，85% 的人口将进入大城市生活，城市转型的工作任重而道远。

"为什么衰老、变丑、死亡，这一切都毫无意义"

人类技术学与超人类主义

一切开始于几十年前。当生物学领域的科技取得卓越进步的时候，出现了"人类技术学"（anthropotechnie）这个名词。与之属于相同类型的还有另一个更可怕的术语：超人类主义（transhumaniseme）。我们谈论的是哪些用在人类身上的技术？使用这些技术目的何在？这种"跨越"人类与技术的想法从何而来？为了人类走得更远？为了走向后人类主义（posthumanisme）？

是的，人类技术学、超人类主义的目的是：推动科学技术进步，改变人类的特点。拥护者表示，现在可以改善人类的可能性数不胜数。

有些方法已经广为人知。口服避孕药、外科美容手术都属于人类技术学的范畴，都是改变人类身体的实际应用。以前人类没有这些新技术，后来这些技术出现标志着一个新时代的来临。运动员服用的兴奋剂、人们广泛使用的精神类药物同样属于人类技术学成果。这类改造人体的技术并不属于能够拯救生命、对生存来说必不可少的技术，人们选择采用这些技术的时候并不是因为有生命危险，完全可以不使用这些技术，不做出改变。每个人都可以根据个人自由做出选择，也可以把这种自由拱手让出。哲学家热罗姆·戈夫特（Jérme Goffette）认为：因为怀孕最终导致的并不是疾病，所以避孕药是典型的人类技术学产物。但是避孕药获得了强烈的社会合法性，因为对于女性来说，避孕药是自由的保证，很多人觉得避孕药同样是公共卫生的保证。与之相反，违禁药品，尤其是运动员使用的兴奋剂的情况令人震惊：兴奋剂把人变成了把成绩作为唯一目标的工具，职业压力把人置于必须自我改造的境地之中。所有的问题都在于此：人类技术学是不是会向更加人性化的方向前进呢？

很多科学家与超人类主义者给出的答案是肯定的，他们认为残疾、痛苦、疾病、衰老，甚至死亡等人类的遭遇毫无意义，而且人类也不希望有这些遭遇。于是世界各地的学术界展开了人类技术学运动，希望终结人类的所有不幸。

评论作家杰里米·里夫金（Jeremy Rifkin）、哲学家兼经济学家弗朗西斯·福山（Francis Fukuyama）等持相反的观点，他们对于新时代人类技术学带来翻天覆地的变化感到担忧，担心这些技术会把人变成"后人类"（posthumain），乃至"非人类"（inhumain）。

现代社会科学技术发展迅速，一方面是生物科技与信息技术，另一方面是脑科学（认知科学），有些观点认为上述学科的融合将推动人类走向后人类时代。在原子水平（纳米科技）改造物质使各个学科可能融为一体。美国的国家科学基金会（National Science Foundation）的地位相当于法国国家科学院，美国国家科学基金会成员班布里奇（Bainbridge）在 2002 年发布了一份著名的报告：《为提高人类性能的科技融合》。

2004 年欧洲的诺德曼（Nordmann）与之遥相呼应，不过和美国报告的热情洋溢比起来，欧洲这份报告更多了几分冷静。由于诺德曼报告的出现，欧洲创建了"纳米／生命网络欧洲委员会"（Commission européenne du réseau Nano2life）。

班布里奇报告定义了 NBIC 这个缩写的意义（NBIC：纳米科技、生物科技、信息技术、认知技术）。报告认为科技融合最终会让"全世界人们享受物质与精神生活，人和智能机器之间的互动和平互利，完全消除交流障碍——尤其是由于语言不通导致的交流障碍，人类获得取之不尽用之不竭的能源，不用再担心环境恶化问题"。

神奇的词——"纳米"

各种许诺、迷恋、幻想、恐惧的基础。

正是纳米科技促进了科学与技术高歌猛进、彼此启迪。诺贝尔物理学奖获得者理查德·费曼（Richard Feynman）在 1959 年满怀激情地说道："在极度微小的世界里空间无限巨大！"这里谈到的纳米长度是一米的十亿分之一。从那以后，各个国家开展了激烈竞争，争相进行纳米科学的研究，纷纷在纳米领域投资，在纳米级别改造物质。"纳米"这个词似乎变得无比神奇，成了工业的关键、资本的宠儿。纳米科技的特殊之处在哪里？纳米粒子不遵循传统物理法则，所以操纵纳米粒子可以产生很多新特性、新物质。生物纳米科技控制的是活体组织，拥有广阔的发展空间；生物纳米科技不但可以改造自然，而且能够创造自然。各种合成生物就此诞生。

这种推测组成了各种许诺、迷恋、幻想、恐惧的基础。纳米科技开发先驱者工程师埃里克·德雷克斯勒（Eric Drexler）甚至提出可能造出具有毁灭性的物质：灰雾（grey goo）。他警告说，纳米科技的确存在危险，自动生产的纳米机器可能失去控制，自我发展演化，最终毁灭世界！

低调的染色剂与防晒霜

不过在纳米科技存在了三十多年的今天（现在已经是第三代纳米产品了），纳米科技成果寥寥无几：防污服装、牙膏染色剂、透明的防晒霜……另外，因为纳米粒子的活动性极强，这些发明都无法控制纳米产品的毒性。实际上在实验室，纳米科技更像是"高级化学"，而不是德雷克斯勒描述的纳米科技。

所有这些科学革命都推动了创造"后人类"潮流，让人类能够提高各方面的素质最终变得长生不死。超人类主义位于反文化运动和科技进步产生新构想的交汇处，以谷歌公司为首的企业斥巨资投入其中，而且超人类主义引发众多伦理问题，其中一个重要的问题是如何定义人类，怎样界定人类。

其实现在描述的各种美好前景的变数很大，即使具备量子控制等各种先进技术的辅助，凭借生物学手段改善人体的想法也并不十分可靠。超人类主义者的领导人往往是信息专家、工程师，具备不凡的个人魅力。他们可能是虚拟现实专家、软件专家，但没有从事生物学相关领域的工作，所以他们构想一切皆有可能的人类未来未必能够实现。

怎样合成生命

2010 年，参与人类基因组测序的生物学家克莱格·范特（Craig Venter）的名字登上了国际各大报纸的头条，他宣布人工合成了细胞，也就是说制成了人造生命。实际上这条消息是假新闻，科学家们只是把基因组副本嵌入已经存在的细菌当中。的确，这已经是一项了不起的技术进步，但是并没有任何人工合成的生命诞生。原因很简单：人类不知道什么是生命。从该角度看来，自亚里士多德时代至今，人类并没有取得任何进步。我们甚至不知道为什么在某些情况下同样的细胞组合在一起，同样的空间排序，最终可以形成生命（比如，细胞）；我们也不知道同样细胞组成的个体在另外的情况下会处在休眠或者死亡状态。这就是生命难以解开的谜团：生命和机器不同，对于机器来说只要各个零件齐全，组装搭配合理，机器就能够运转。人类可以修补生命，但是无法合成生命。

人类的生物学知识刚刚脱离机械模式，仍然被限制在"基因决定一切"的思想当中。然而，尽管DNA分子在生物体内扮演了重要角色，但是我们现在了解到DNA分子并不像我们以前想象的那样起决定性作用。人们之所以会存在这样的想法是因为二十世纪机械控制论对生物学的影响过深。基因学专家存在还原论（réductionniste）的简化思想，以为存在一条程序或者一组信息可以解释一切。人类解读基因密码的初衷一方面在于理解生物如何运行，另一方面希望找到导致疾病的基因。2000年公布了人类基因组序列，可是十几年后的今天，人类仍然没有办法治愈基因导致的疾病，不能解决生物学的基本问题。

关于生物工程社会的各种猜测完全破灭，曾经做出的一个个预言销声匿迹。但是今天人类生物基因组的序列仍然属于知识产权保护的对象。

永生不死的现象已经存在

鉴于上文提到的科学研究结果，一些超人类主义和少数科学家鼓吹的永生不死的承诺变得不再可信。为了获得科研经费，有些科学家不惜过分夸大自己研究成果在未来的应用。

　　从演化角度看，个体的死亡是可以解释的。从生命整体看来，永生不死的现象已经存在：繁殖。如果个体不衰老，那么就需要酶永远不停地修补时间给个体带来的伤害。对于生物演化来说，既修补个体遭受的伤害又保证物种繁衍毫无意义，因为修补伤害会消耗过多的能量，于是生物就没有足够的能量用于繁衍。为了物种能够适应环境（由于自然选择，后代会做出改变以适应环境），生物必须繁衍后代。因为能源相对有限，所以有些生物存活时间长，但是产下的后代较少；有些生物存活时间短，但是产下的后代多。

　　人类如果要修补个体伤害，那么要使用纳米科技、生物科技、信息技术、认知技术，这需要动用巨量的资源与能量（而且如果个体寿命过长还有人口数量过多的问题），因此个体永生不死的想法完全是天方夜谭。从理论上来说，长生不死会使这个世界不复存在，所以必须在个体永生和繁衍后代之间做出选择。而且，如果不繁衍后代，物种就不会适应环境，就不会有物种演化……当然，通过一些方式（医疗、食品）可以延长人类寿命（尤其是富人的寿命），但这只是有限的小范围技术调整，不能左右大局。

"现代朝圣者心中的信仰荡然无存"
旅游

谁知道"Zehst"？"Zehst"是"零排放超声速运输"的缩写，是一款未来的飞机，从巴黎到东京行程耗时仅仅两个半小时，从巴黎到纽约只需要一个半小时。

不过现在我们可坐不上这种飞机，这种飞机要到2030年才会试飞，2050年才开始正式运营。这款飞机项目诞生不久，"Zehst"原型机在2011年法国布尔热（Bourget）航展上首次亮相。飞机线条优美、清晰，看上去仿佛火箭。决不能重蹈耗油大户——协和式飞机（Concorde）的覆辙：新型飞机各方面设计都尽可能节约能量，可以"环保"飞行。

一种设计思维是在起飞时使用传统涡轮喷气发动机，预计使用藻类产生的生物能源。在5000米的高空，使用氢作为燃料为火箭发动机提供动力，这种发动机的优点

在于只会排放水蒸气。在 28000 米的高空时，突破音障
（mur du son）[1]，飞机组合使用上述两种动力飞行。接下来
"Zehst"飞机会缓慢下降，在尽可能长的时间里滑翔前进，
最后才开启发动机。真正制造出这种飞机还需要花上漫
长的时间，而且"Zehst"飞机只能搭载少量乘客：目前
预计一架飞机仅可以配备六十个座位！

　　我们现在不知道 2050 年将会发生什么，但是目前有
一件事是肯定的：很长一段时间，飞机是工作专用的交
通工具，而到了二十世纪最后二十五年开始变成大众使
用的普通交通方式，这也是这个时代过分消费的一个标
志。现代旅游业攫取了这种交通方式不愿放手，2014 年
世界上共有 31 亿人次乘坐飞机出行，这个数字在未来若
干年里还会继续增长。不过，空中交通排放的温室气体
占人类排放温室气体总量的 2.5%，而且在空中排放废气
要比在地面排放危害大得多。

　　从古至今人类都在旅行，为了贸易、移民、占领其
他土地远离家园。但是为了享乐出门旅游不过是最近三

---

　　[1] 译者注：音障又称声障。指的是大展弦比的直机翼飞机飞行
速度接近声速，即每秒钟 340 米的时候会出现阻力激增，飞行速
度无法提高的情况。

个世纪才开始出现的事情。在十七世纪末期最初的旅游行为出现的时候还没有真正的名字，当时欧洲富有的贵族为了愉悦自己去名山大川游历。

直到二十世纪下半叶才出现大规模旅游活动，然后迅速为广大民众所接受，旅游人群不断扩大。全世界每年各个季节总计大约有十亿人出游，全年无休，游客满怀热情，充满好奇心，旅行的距离越来越远。

然而，随着意识到环境等各方面情况逐渐恶化，人们开始对愈演愈烈的旅游现象展开批评。很多人考虑旅游给环境带来的危害：社会学家让-迪迪埃·于尔班（Jean-Didier Urbain）认为："这些现代朝圣者心中的信仰荡然无存。"现在的旅游业能否长期存在下去？一切都取决于供给的是什么样的娱乐。

世界旅游行业蓬勃发展，前景一片光明。估计在2024年平均增长率大约是4.2%，远远高于预计的世界经济增长率，世界经济增长中10%左右来自旅游业。因此旅游业还会提供很多新的就业岗位：估计可以间接创造出7500万个工作岗位。旅游业的大力发展得益于人们旺盛的需求，尤其是新近崛起国家居民对旅游的需求占了重要比例。而且游客数量多、规模大，越来越愿意在自己游览的国家消费。

高尔夫球场

未来应该尽量少且合理地使用飞机作为交通工具，出行原则："更少、更近、更慢"。

毫无疑问，旅游业对世界经济的影响很大，旅游对于人们来说变得越来越容易，即使路途遥远、难以到达的目的地也逐渐变得触手可及。那么，旅游娱乐活动对于旅游地区带来哪些影响呢？成排的旅馆在纯净的海滩上拔地而起，旅游胜地为了保证度假村用水、为了浇灌高尔夫球场抽干当地水资源，游客骤然融进无人踏足的自然，根据现代人类社会的标准修建各种设施……

这种"连带损失"的情况数不胜数，其中包括大规模旅游导致的社会与文化伤害。有人提出了各种批评，认为这种旅游形式颇有殖民意味，扭曲了当地民俗，输出了西方的发展理念，藐视当地原住民。

定时炸弹

人们很少提及旅游业的发展与世界气候变化的关系，但实际上两者之间有千丝万缕的联系。我们其实已经感受到了后果：冬天和夏天的温度升高、降雨增多、极端天气出现，下雪季节的长度缩短，水资源受到影响，森林情况恶化。另外，海平面以每年 3 毫米的速度上升，威胁海滨地区。

这些天气现象反过来又会影响旅游客流，不确定因素可以影响游客数量，不过游客会改变旅游目的地、选择不同的季节出游。如果想要减少气候变化给旅游业和环境带来的消极后果，应该在出行方式上做出改变。

近些年来在旅游行业中飞机出行发展迅速，这种情况令人担忧，排放的温室气体有 5% 来自飞机，照此发展下去三十年后这个比例可能翻倍。政府间气候变化专门委员会经常提醒公众，这种情况不能再继续下去……如果要减少温室气体排放，就不能任由航空产业野蛮发展。一家旅游与环境顾问事务所经理吉兰·迪布瓦（Ghislain Dubois）认为，航空业"对气候来说是一颗定时炸弹……让人看到经济繁荣发展的希望，然而会造成不可逆的后果，未来必然令人失望"。

精神分裂症

航空公司提供更加吸引人的"低价航班"，这些航班飞向不可计数的目的地，创造新的需求。需要指出的是，乘坐航班的人口占全部人口的比例仍然很小。在法国，仅占旅客总数 5% 的"旅行常客"排放的温室气体就占到旅游业温室气体排放总量的 50%！其实现在仅仅是航空业平民化的开端，乘坐飞机旅行的生活方式仍然有广阔的发展空间。在未来的日子里，航空业在以中国为首的新近崛起国家中必将飞速发展。飞机作为交通工具吸引很多人，这些新进游客的数量越来越多，不但游览自己所在的地区、国家，还对欧洲情有独钟，这对于很多旅游城市来说不啻于天赐良机。

很多旅行者对飞机造成的污染视而不见，不愿意承认他们的行为给环境带来严重伤害，而且整个社会都在鼓励人们尽可能多地出去旅行。要说服这些人更加环保绝对是一项难度极高的挑战。否认航空旅行，被称为是宿命论者，甚至是"精神分裂症"。相对于其他活动造成的环境污染，人们不太关心航空对气候的影响。所有的旅行社，即使那些承诺"关注旅游地环保问题"的旅行社一直推出为期几天，但是目的地在万里之外的旅行项目。

来自遥远国度崛起国家的游客掀起了旅游热潮，很多国家的政府希望能够从中分一杯羹。从现在起到 2020年，法国旅游业的发展策略是把关注重点移到金砖五国（巴西、俄罗斯、印度、中国、南非）的游客身上。旅游局努力开发在本国的低价旅游项目，2014 年末议会提交给总理的报告表示，各大企业购买机场经营特许权的费用过高，担心影响这些大企业"低价"吸引游客的战略……

"度假碳预算"

如果要在世界范围内减少温室气体的排放，就需要通过额外税收的方式增加旅行成本。法国提议"四要素"政策，即在 2050 年之前把温室气体排放量降到现在的四分之一。为了达到这一目标，应该减少游客长途出行，尽量多在附近旅游，让游客合理采用多种交通工具，鼓励游客乘坐火车、公共汽车，而不是过多乘坐飞机。

为了能够达到减少温室气体排放的目标，当然也要依靠技术革新，但是技术革新不能抵消飞机给气候带来的负面影响。航空运输发展迅速，每年增长率达到 5%，而航空运输的能源使用效率每年仅仅增加 1%。

应该更多地投入铁路建设，比如可以重新修复二十世纪三十年代以后建成但是现在停用的铁路线，这种方法值得采纳。现在已经计划性地逐步取消"低价"航空服务，把背后隐藏的成本加上去，具体表现为：机场能力的限制，机场税收和碳排放税收，禁止一些短程及中程航线与陆地交通竞争，限制"度假碳预算"，这些都是应该采取的措施。为了挽救气候，应该尽可能合理地使用飞机作为交通工具，需采纳的出行基本原则是："更少、更近、更慢"。

慢旅游

当然，一切都依赖于人们行为方式的深层改变以及当前"旅行文化"的改变。这一过程需要逐渐进行，对抗当下观察到的"强迫性过度活跃"的行为方式。这意味着人们要放弃总是希望不断走向远方的想法，放弃最终要去太空旅行的梦想。

当然，这绝不是鼓励人们不再走出去发现这个世界，自我封闭起来。人类交流、交往的行为具备很高的价值。关键在于从今天开始我们应该鼓励"慢旅游"，找到足够的时间出行。首先要思考、理解什么是慢旅游。多次短短的假期，每次假期都飞到大西洋彼岸或者其他很远的目的地，这样的假期好吗？为什么不和老板协商，享受一次持续时间较长的假期呢？或者索性在国内旅游不是更好？法国作为世界级旅游胜地，我们难道不应该更深入地去发现祖国之美吗？将来，人们将围绕着"时间安排"这个主题重塑旅游文化。

"美国人克里斯托弗·哥伦布发现了欧洲"

多重宇宙

两名物理学家乘坐飞机，飞行途中两个发动机熄火，飞机笔直地坠向地面。一名物理学家问："你觉得我们能平安脱身吗？"另一个回答："绝对没问题，在很多其他的平行宇宙里我们并没有登上这架飞机。"

不可胜数的可能性，物理学家研究这种理论，他们考虑其他宇宙存在的情况，甚至创造了"多重宇宙"这个新词，宇宙不只有一个，而是有很多个。在二十世纪五十年代，美国物理学家休·艾弗雷特三世（Hugh Everett）提出了著名的多重宇宙理论。那么今天的相关研究进行到哪里，多重宇宙的理论给我们带来什么改变呢？

在回答这个问题之前，让我们首先进入人类信马由缰的想象世界吧，在这个世界里平行宇宙的想法由来已久。在文学领域，多重宇宙当然是科学幻想作品喜闻乐见的主题：主角挑战所在宇宙的时间与空间法则，毫无障碍地穿越到过去或者未来；有些主角被抛到其他的平行宇宙中，这些宇宙或者危机四伏或者神秘莫测，这些宇宙直接出自科幻作家丰富的想象力。一旦穿越空间的界限，仿佛一切皆有可能。四维空间与我们所知空间同时存在，进入四维空间后，我们进入了完全未知的领域。

由反物质（antimatière）组成的镜像世界（univers-miroir）也是科幻作家灵感的另一个重要来源。不论在想象世界还是在现实当中，物质的翻转导致人物角色翻转。在反物质的宇宙中，我们完全可能遇到历史上的名人，比如美国的克里斯托弗·哥伦布发现了欧洲！

在《爱丽丝镜中奇遇记》里，爱丽丝（Alice）进入的是一个既熟悉又翻转的世界，充满诗意又让人困惑。我们熟悉其中很多事物，但是构成这些事物的方式又非常荒谬：同时跑动并且待在同一个地方，为了移动需要静止不动。《爱丽丝镜中奇遇记》的作者刘易斯·卡罗尔（Lewis Carroll）可以说是"发现"反物质的始祖，好几个物理学家使用爱丽丝在镜子中的世界描绘反物质世界。

另外还有架空历史小说（uchronie），这种小说重新构建了历史：美国人打赢了冷战，但是苏联人在三十年后入侵美国！很奇怪的是，在二十世纪的书籍和电影里常常提到第二次世界大战。而我们正处在二十一世纪，在另一个世界当中！

关于现实以及对现实认识的问题由来已久，已经是远古时代穴居人考虑问题的中心了。柏拉图（Platon）认为，不论我们存在与否，现实依然如故。人们眼中的世界与真实的世界不同，"主观感受到的世界如同投射在时间上的阴影，真实的世界恒久留存，二者存在或多或少的差异"〔亨利·伯格森（Henri Bergson）〕。柏拉图得出的结论是，为了接触到事物的本质，应该解决世界数学谜题。二十四个世纪之后，虽然人们仍然积极讨论这个问题，但是似乎并没有多大进步：人类并没有摆脱让自己混淆现实与洞穴阴影的幻象。

多重历史

在二十世纪，各门类学科都对多重宇宙的概念产生兴趣。在 1966 年，皮特·博杰（Peter Berger）和汤姆斯·勒格曼（Thomas Luckmann）在社会学论文里提出事实是"社会构建"的概念。五年前，塞尔日·莫斯科维奇（Serge Moscovici）在法国建立了社会心理学，目的是研究"社会表现"。他们的想法相同：现实是社会的产物。

　　在宇宙的某处，和您一模一样的完美副本正在阅读这本书的完美副本。

　　人类学家菲利普·德克拉（Philippe Descola）认为应该发展多样性的思维，考虑世界、生物、自然的多样性。"面对理论上来说确定的宇宙，应该用多重历史代替唯一历史的思考方法。这并不意味着把历史埋葬，反而需要让历史不断衍生，把原来排除在外的因素囊括进来，比如：自然、女性、没有历史记载的群体、所谓的原始人、在人类历史之前的史前人类。"（塞尔日·莫斯科维奇）

　　令人吃惊的是这些概念与物理学进步相契合，物理学也提出了多重宇宙的概念。现在，社会科学与自然科学携手并进。

确定性的终结

　　自从科学革命开始，通过各种现代化概念的发展，人们认为现实在人类出现之前就已经存在，处在人类自身之外。科学的角色就是发现这个现实。后现代化的思想超越了这种认识。当然，这并不意味着可以改变现实，

262 而是可能存在多重现实。我们感知宇宙万物的同时也在改变着外界的物理规则。正如诺贝尔奖得主伊利亚·普里戈金（Ilya Prigogine）所说，现在的人类正生活在"确定性的终结"[①]之中。

在二十世纪，物理分为两部分：通过传统物理知识，加上阿尔伯特·爱因斯坦（Albert Einstein）的广义相对论研究宏观世界。量子物理，或者也可以称作"粒子物理"（physique des particules）描述的是微观世界活动的规则与理论。

传统上来说，物理研究的对象分为两种：微粒（corpuscule）（比如，小球）与波（onde）（比如，音乐）。这两种研究对象的表现、属性、特点完全不同。

量子物体（objet quantique）（电子、中子、原子）没有任何属于自己的属性，它们既不是粒子也不是波。换句话说，根据观察者的不同，它们既是粒子也是波；它们会根据观察者希望找到的特性而变化！因为量子物体尽管很像粒子（想象它们是极小的球体），但是可以呈现出波的表现，所以没有在空间的位置（比如，音乐）。它们与观察条件共同形成无法分割的实体。

---

① 译者注："确定性的终结"是普里戈金著作的名字。

盒子中的猫

量子物体具备"叠加状态"。这种叠加理论引起了很多猜想，其中包括1933年诺贝尔奖获得者埃尔文·薛定谔（Erwin Schrödinger）提出的思想实验：薛定谔的猫（或者任何生物）。把一只猫放进盒子里，实验者安装一套复杂系统，系统中原子衰变可以决定猫的生死。原子处在两种状态叠加的情况，既处在衰变状态又没有处在衰变状态，所以只要观察者不打开盒子使猫从一种状态转变成另一种状态，那么这只猫就处在既生存又死亡的状态……所以，就像美国物理学家休·艾弗雷特三世（Hugh Everett）推理的那样，这只猫处在两个平行宇宙当中，一个宇宙中猫是活的，另一个宇宙中猫是死的。

根据爱因斯坦广义相对论的理论，宇宙无穷无尽。想象一下，我们把无穷的宇宙分成区域：由于空间无限，所以分成的区域数量也无限。在某一片区域中存在我们世界的复制世界的可能性是确定的：组成我们世界的粒子形态最终会重复出现，由于分布的空间无穷无尽，所以这些粒子形态会无限重复，创造出无穷无尽的副本。这就是所谓的"气泡宇宙"（univers-bulle）：在宇宙的某处，和您一模一样的完美副本正在阅读这本书的完美副本。除此之外，按照这种理论推断，存在的副本数量应该无穷多。有些副本可能存在些许变化：您头发的颜色、撰写这本书的语言、所处的季节，等等。在"现实"中，一切都可以在某处出现，一切都可能存在，甚至不可能出现的东西也是如此。这就是无限宇宙逻辑的结论。

点与弦

平行宇宙与多重现实的理论位列二十世纪重大物理发现的行列，接踵而至的就是弦理论（la théorie des cordes），弦理论的出现进一步肯定了多重宇宙的理论。

爱因斯坦花费一生的时间试图把上述所有物理理论融为一体，寻找一个超级数学公式，可以同时解释量子物理与广义相对论。爱因斯坦希望实现柏拉图的梦想：用一个公式统一世界，这就是弦理论的目标。二十世纪的物理学难题是广义相对论与量子力学的不相容，弦理论为这一难题给出了答案，而且融合了两种理论，所以人们把弦理论称为"解释一切的理论"。

至少，弦理论的拥护者希望弦理论能够解释一切。今天，弦理论物理学家占了大多数。反对弦理论的物理学家李·斯莫林（Lee Smolin）抱怨道："我绝对没有夸张，最近三十年，数百位科学家穷尽整个职业生涯，花费数以亿计的美元寻找弦存在的证据。"

为什么称作"弦"？想象最小的粒子，比亚原子还要小的粒子，组成物质的基本粒子，人们往往把这些粒子想象成点状。根据弦理论，这种基本粒子不是点，而是振动的微小能量弦。世界是由通过各种振动方式的"弦"组成的。如同音符一般，弦根据振动强度的不同组成不同的粒子：电子、夸克，等等。弦理论把世界看成巨大的乐谱。

但是，如果弦理论成立，那么世界必须存在九个空间维度。世界不是我们认识的左右、上下、前后的三维空间（作为第四维度的时间不是空间维度）。根据弦理论，应该存在人们感知不到的另外六个维度。正是在这些维度之内隐藏着"平行宇宙"。

通过弦理论可以推测出想象的多重宇宙。时至今日，存在无穷平行宇宙的假设并没有任何符合科学标准的证据：无法观察到这种假说提到的现象。不过凭借弦理论，数学论证支持这种假说。

这是现实的革命。物理学处在颠覆现实性质的节点上。当然，我们还远远想象不到其所带来的后果。在各种现实同时存在的世界里，再也没有重大问题的答案，

266 　　或者说有无数针对重大问题的答案：如果存在无数的现实，那么就存在无数的答案。于是所有人给出的答案在某种程度上都是正确的。

"下午一点的时候法国人仍然坐在桌前享用午餐！"

食品

　　法国著名米其林星级厨师阿兰·杜卡斯（Alain Ducasse）说过："十年来我们总是用各种方法烹饪鳕鱼，要不根本不会出现今天渔业过度捕捞的情况。"当然，这种说法有点夸张，但的确给我们以启示。阿兰·杜卡斯了解自己在媒体上的影响力，表示人们"应该向正确的方向重新出发"。

　　调查结果显示，杜卡斯大厨说的确实有道理：在当代社会，越来越多的消费者担心食品会给自己和后代健康带来什么影响。

　　我们属于欧洲的特例，在法国用餐始终是天大的事情。法国人每天用餐的平均时间超过两个小时，而且非常重视传统的一日三餐。下午一点的时候，有一半的法国人依然坐在餐桌旁享用美食，而且他们往往在家里用餐。

当然，这些人大多数是上了年纪的人。年轻人更喜欢看电视，他们吃饭的时间不固定，喜欢在外就餐。这种情况并不出人意料，不过应该引起警觉。

这次调查显示，不同社会职业阶层的人行为方式大不相同。较多的工人和雇员表示常常"吃各种零食"，不会专门花时间围坐在桌子旁正式地吃饭。这种放弃正餐时间与肥胖、社会阶层等因素有直接关联，而且这种关联得到多次证实。

从儿童时代就可以观察到超重与生活条件之间的关系，着实让人吃惊：随着收入减少，肥胖人群所占比例增加。这是由于低收入人群的食物结构不健康，很少有新鲜食材，较少食用鱼、水果、蔬菜，食用工业化食品的比例较大。因为工业化食品食用更方便，价格更低廉，而高收入人群对这类食品则敬而远之。可见饮食也是社会不平等的表现之一。

那么面对上述问题应该如何解答？转向"有机食品"吗？这个词仿佛具备魔力：非转基因食品、没有化肥、没有激素、没有抗生素。而我们每天消费的食品，即传统农业种植出来的作物具备这些优点吗？当然具备！

问题在于，推荐消费者食用的有机食品要比其他食品价格平均高20%。由于需要额外的人工成本、加工成本、分销网络，而且每公顷作物产出量较低，导致生产成本更高。属于有机食品的水果和蔬菜个头较小，不那么"完美"。而且，和传统农业和养殖业相比，有机食品在法国的种植人数少，市场相对狭窄（不到6%的农业土地种植有机作物）。因此消费者并不总是喜欢有机食品，但作为社会责任感强烈的公民应该怎样做呢？

很多人希望改变自己的饮食结构，寻求健康食品，了解食物来源以及食物是在什么情况下生产出来的。对于他们来说，有机农业产品无疑是最可信的选择。在法国，有机食品产出地与销售地很近，短途运输后送到专门商店销售，大型超市里也存在有机食品专柜。

注意不要混淆概念：如果有人想食用安全干净的鱼类，那么在选择商品时他可能惊讶地发现野生鱼类不属于有机鱼类。有机鱼类需要经过生物证明，必然出自高端养殖场。这意味着有机鱼类的生活环境优质，生活条件舒适，这种鱼类的饲料是经过严格检验的鱼粉、有机蔬菜、维生素、矿物盐。严禁使用来源于陆地动物的食物、转基因生物食物、添加剂。在普通的养殖场里，依据规定可以使用刺激生长的药剂、医药性质的添加剂、化学染色剂、合成激素。

反季作物

当看到价格低廉的时候，人们没有考虑到间接成本。

如果想拿有机肉类做菜，可以选择的范围很广：牛肉（成年）、小牛肉、羊肉（成年）、羊羔肉、猪肉。这个市场繁荣昌盛，尽管从整体上看人们对肉类的消费量在减少，但是有机肉类市场仍然处于增长状态。2012年，作为有机牲畜饲料的有机作物种植面积超过了一百万公顷的大关，超过三分之一的种植者变成了养殖户。屠户经营的传统肉店开始专卖有机肉类，但实际上大型超市是"法国有机肉类最大的销售点"，大型超市销售的有机肉类占整个市场销量的一半，而且价格低于一家一户的传统肉店。

人们担心大型超市这种分销模式与宣传的"有机"产品价值不符。的确，各个大型超市彼此竞争，大品牌超市会转而寻找劳动力低廉的国家作为供货商，这意味着农民的工作条件变差。同样，这些大品牌超市可以使用质量较差的原材料或者使用更接近传统农业的方法……虽然在欧洲有机食品的生产及达到有机食品标准方面立法非常严格，但是出口国的法规与法国的法规未必相同。另外，从环境方面说，用飞机长途运输反季水果会带来糟糕的后果：和在本地种植的相同水果相比，这样的水果需要二十倍的能耗！不论是"有机"水果还是常规种植的水果都是如此。有机农业已经非常发达，尽管还存在提高的空间，但是有机农产品的优秀质量毋庸置疑。

有机农产品质量高，但是价格也同样高昂。从消费者的角度看到了高质量产品，而作为有社会责任的公民会看到更加深远的问题。原因如下：当看到价格低廉的时候，人们没有考虑到间接成本——也就是密集型种植方法带来的环境成本，需要修复（水质、土地肥力，等等）的成本，农业耕作过程中使用的有毒物质对消费者、种植者健康损害带来的成本，这些有毒物质包括反复使用的硝酸盐、杀虫剂、肥料等化学制剂。

每星期二百家农场

众所周知，工业化农业需要大规模种植，使用各种农用机械，农场的土地越来越广阔，同时这种农业形式让就业岗位越来越少。自从 1955 年开始至今，法国农场的数量减少了五分之四，而且持续减少，但是每家农场的面积持续增加。最近几年，平均每个星期有二百家农场停业，谷物种植农场倒闭的数量最多，超过奶业养殖农场与牛肉养殖农场的数量。

在欧盟共同农业政策的框架下，人们对这些问题进行了深入讨论，确定了刚刚实施的 2014 年到 2020 年的农业政策。新政策号称更加公平、更加"绿色"，能够更好地提供帮助，也就是说养殖户和蔬菜种植户可以享受更加贴心的指导。从 2015 年开始，每户法国农民种植土地或者培植草场总面积中的 52 公顷可以获得更多的补助金，其余的耕作面积获得的补助金数额递减。这项政策的目的是"减少农民获得补助金的差异"。因为欧盟共同农业政策（Pac）常常遭到批评，人们认为给大型农场的补助金过高，尤其是谷物种植农场的补助金是蔬菜种植农场补助金的三倍。很长时间以来欧盟承认这项政策是政治选择，这项政策在二十世纪九十年代实行，目的是帮助像法国这样的农业国家具备更强的竞争力。

人们对平衡各方补助金的新政策表示欢迎，尽管很多人觉得新政策还不足以补偿畜牧养殖者和谷物种植者之间、山区与平原之间收入的巨大差异，法国的农民联合会（Confédération paysanne）表示："十年间，在朗格多克 - 鲁西永（Languedoc-Roussillon）地区农民数量减少了 12000 人，在整个法国减少了 32% 的蔬菜种植者。"

地区特色菜

另一个问题是地区平等，需要平等对待法国北方与南方。法国北方属于集约型种植，南方由于山地丘陵较多、土地贫瘠，所以采用的是粗放型农业种植。新农业政策希望可以多样化种植，这样更符合当地的特点，而且更加符合环保需要。新农业政策承诺保证作物多样化，保证草场始终处在较好的状态，创造"有利于生态的地表状态"，比如说建立树篱、水塘以保护生物多样性。总之现在是改变思考逻辑的时候了，应该更加注重品牌农产品（produits de labels）和本地特色农产品（produits de terroirs）。

一般说来，大幅发展有机农业种植（现在法国的有机农业产量不到总量的 3.7%）利于高质量的有机产品降价，随之而来的是顾客更多地消费有机产品，工业化农业种植所占比例必然降低。

另外，食品和营养与健康息息相关，而且与享受也密不可分。享用美食可以给人愉悦的感觉，这也是把自然转化成艺术的方式。各个地区有特色的葡萄酒、菜品都是艺术创作。品尝地区特色菜犹如欣赏美景，整个生态系统进入了人的感官享受，而工业化农业提供的食物扼杀了这

274 种享受，我们需要重新学习如何滋养自己的感官。

为了这次"革命"成功，让更多的人接受高质量食品，应该撬动几个杠杆。其中之一就是集体食堂。每天，有八百万人在法国的集体食堂就餐。这几乎涉及所有人，这里说的集体食堂可能是公司食堂、行政部门的食堂、学校食堂、医院食堂、养老院食堂。

训练味觉

在各种领域中都有集体食堂的身影，而且集体食堂在经济中占据重要比例。集体食堂可能是实施平等、尊重环境食品政策唯一的理想之地，在那里可以触及脆弱人群，应对各种食品危机的同时训练就餐者的味觉，在学校尤为重要：了解、喜欢健康食品的人群能够自我保护，预防肥胖发生，尽可能避免慢性疾病出现。这就是教育工具：通过味觉训练让人们更加注重健康、保护环境。

集体食堂还有利于地区经济繁荣，促进本地农产品生产与销售。当集体食堂寻找本地有机食品的时候，相当于支持了当地有机农产品生产者的工作。

问题不在于怎样用最低廉的价格让来到食堂的孩子吃饱，而是充分开发集体食堂的价值，集体食堂是当地高质量食品产业发展的宝贵工具，通过促进需求推动高质量食品的供给。

只有协调好农业、食品、教育、经济、环境各方政策才能成功地使集体食堂发挥作用。目前我们还没有做到这一点，2013 年集体食堂里仅有 2.4% 的有机食品。2012 年 的 环 保 问 题 圆 桌 会 议（Le Grenelle de l'environnement）为有机食品制定的目标占所有食品的 20%。2017 年在"2017 有机食品愿景"项目和 2014 年国家食品计划（本地食品所占比例目标是 40%）再次提及有机食品占比的问题。

"趴在挡风玻璃上的昆虫不复存在！"
生物多样性

2009 年的一天，生活在法国埃罗（Hérault）省的荷兰昆虫学家发现了一个惊人的事实："我在家附近散步，周围是一丛丛的灌木，这时突然冒出一个念头——昆虫都跑到哪里去了？而后我意识到粘在我车子挡风玻璃上的昆虫、趴在我车身上的象鼻虫越来越少，几乎绝迹了。"

这件事发生在 2009 年，于是这位科学家联系了十五个国家的同事，所有人都发现了这个问题，并且都表示出担心。他们组成了联合研究团队，五年之后出版了研究成果。

研究结果认为是系统性杀虫剂〔新烟碱（néonicotinodes）〕造成了这种严重后果，这类杀虫剂占据世界农用杀虫剂市场的 40%，价值相当于 26 亿美元。不论是喷雾，还是直接使用，植物在一个生长周期不能吸收全部的杀虫剂，于是杀虫剂在土壤聚集，进入水中，污染了没有种植作物的土壤。值得一提的是，这种杀虫剂的强度很大，战后使用的滴滴涕（DDT）是极具破坏性的杀虫剂，新烟碱类杀虫剂要比滴滴涕的破坏性更强。

当然，新烟碱类杀虫剂是导致蜜蜂和熊蜂数量减少的"决定性因素"之一，而且这种杀虫剂还导致蝴蝶数量减少。在欧洲，蝴蝶在二十年的时间里减少了一半。

这种杀虫剂同样会杀死一些生活在土壤中的微小昆虫、微生物、蚯蚓，人类听到这条消息可能以为一切与自己无关，其实答案恰恰相反，这些生物是保持土壤肥力必不可少的因素。而且这些虫子也是鸟类的食物，它们消失后鸟类也随之消失。和二十世纪九十年代中期相比，现在法国乡村的鸟类仅仅是那个时代的一半。

这只是生物多样性遭受破坏的众多实例之一。植物、昆虫等不计其数的生命形式在全球的各个地方生活了若干世纪，正是这些丰富的生物构成了令人惊叹的大千世界。我们始终无法解释为什么很多物种会消失不见，但是大量物种迅速消失的情况应该引起人类的警惕。

词汇拥有自己的历史，公元前一世纪，"diversitas"

278 不仅表示"不同"，还有"分歧"，甚至"矛盾"的意思。直到中世纪，这个从拉丁文来的单词才有了"异样、奇怪"的意思。今天，由此演变来的词有"多种多样"的概念。当谈到"文化多样性"的时候，就是承认、彰显其他源自国外扎根法国的文化；在大选期间，候选人谈到"多样性"时总是带着政治含义。在各个领域的立法层面，多样性也存在各种含义，男女不平等、性取向、宗教观念、残疾……

过多的情感、过分的热爱

一些物种不复存在。

怎样定义基因多样性？奥古斯特·孔德（Auguste Comte）[①] 在他的时代曾经建议不要使用"自然"一词。他很可能觉得这个词承载了太多的情感，注入了过多的热爱。当时还是科学初试啼声的年代，有太多的无法理解的东西，这让人不能忍受。那么使用"生命"一词？这个词把人类包括在内，人类具备自己的独特之处，无法

---

① 译者注：奥古斯特·孔德（Auguste Comte）（1798—1857），法国哲学家，实证主义创始人。

成为其中的一部分。所以最好把概念分割开，根据作者的意图最好使用"关键原则""精华""特点"这样的词汇。

所有的词汇都反映"自然"这个想法，但是不同的时代根据当时需要展示或者隐藏的事实选择不同的词汇。今天，人们很愿意谈论"环境""生物多样性"。另外，把重点放在"多样性"上，这意味着"多样性"遭到威胁。当生物种类开始变少的时候，"生物多样性"这个词得到广泛接受。

未遵守的诺言

"生物多样性"是从古希腊语 bios 演化而来的新词。这的确是生物、物种、基因在时间和空间维度生态系统中的自然多样性。在 1992 年里约热内卢（Rio de Janeiro）第一届地球峰会（sommet de la Terre）上，生物多样性公约承认生物多样性是全球的公共财产，要求各国要达成三个目标：保持生物多样性、保证通过可持续发展的方式使用生物多样性资源、公平合理地分配生物多样性资源带来的收益。

自从那次峰会之后，人们对于生物多样性还有过多次承诺。比如，2002 年约翰内斯堡（Johannesburg）会议承诺"减少目前生物种类灭绝的速度"，但是人们没有遵守许下的任何诺言。2000 年在联合国秘书长指示下，进行了新千年生态系统评估，结果显示生态系统的 60% 都在恶化，所有的参数都显示很多种类的生物正在迅速消失。

无论在陆地还是在海洋，生物多样性的问题无处不在。科学家认为地球上实际存在的生物种类应该在八百万到三千万种之间，而人类目前仅仅认识一百八十万种！官方消息称，人类每年会新发现大约 16000 个新物种。换句话说，对于生物种类的统计工作远远没有结束。人类没有对海洋深处进行探索，那里应该还生活着大量的未知生物。

诺亚方舟 ① 的固定论观点

应该改正对生物多样性过于刻板的观点，现在很多人把生物多样性当成物种保护目录。提出了一个半世纪以来的达尔文进化论观点只有在两条主要信息得到确认后才会最终变得完整。第一条信息是生物多样性处于动态，生物多样性由互动与隔绝机制塑造。第二条信息是

---

① 译者注：这是《圣经》中的故事，诺亚受上帝神谕指示建造方舟，在方舟上收留一对一对的飞禽走兽，躲过了淹没世界的大洪水。

生物并非以客观的形式存在，各个物种不会固定不变，也不存在所谓的标准模式。

达尔文的理论中提到生物后代会由于自然选择的原因发生变化，这与创造论、固定论、"诺亚方舟"的观点背道而驰。后代会产生变化：每一代新生物都会由于基因随机变异产生新改变。自然选择：所有不适应周围环境的生物会消失。环境是决定生物适应性的决定性因素。由于环境始终在变化，所以不可能出现所谓的标准或者规范。

《物种起源》（*De l'origine des espèces*）是一本毁灭之书。这本 1859 年出版的书籍中，达尔文摧毁了对物种本质主义的观点。"起源"一词有两种意义，其一指的是"诞生"，不过达尔文使用这个词是为了表达另一个意义："原因"。

今天，生物物种的概念用来表示相似的个体族群（这并不是值得推崇的客观科学的做法）。这些个体可以繁衍，产生后代，后代具备同样的特征（这一点可以证明驴与马属于两个不同的物种）。很好，但是怎样界定那些依靠细胞分裂、单性生殖（parthénogenèse）、出芽生殖形成生命的物种呢？

回溯生物谱系树

达尔文认为，物种这个概念有另外的含义：一个物种是一棵生物谱系树，也就是说所有的个体都可以回溯到一个共同祖先身上。因此根据该理论推导，所有的生物都可以回溯到一位共同祖先身上。越向生物谱系树上方溯源，就会发现越多的共同祖先，最终所有生物都会归结到"最后共同祖先"（LUCA）处。所以生物的不同物种之间没有明晰的界限，而存在延续性与相关性：科、属、种……彼此之间只是程度上的差别，而没有本质上的不同。换句话说，自从达尔文理论提出以来，物种不再是拥有特殊个体的静止类别，而是不断改变活动的谱系进程，是出现变化的一系列后代。这个过程从第一个细胞诞生开始，一直扩展到所有生物，人类是目前所有生物里的一种，和其他生物没有本质上的区别。根据这种思想来看，人们希望确认存在的物种总数、灭绝的物种总数的这种想法完全徒劳。生物学家罗贝尔·巴尔博（Robert Barbault）不满传统的物种分类方法，曾经这样说过："第一种情况是我面前有四种山雀：大山雀（mésange charbonnière）、蓝山雀（mésange bleue）、沼泽山雀（Mésange nonnette）、冠山雀（mésange huppée）；

第二种情况是我面前有：大山雀、蚯蚓、法国梧桐、结核杆菌。那么，是不是第一种情况的生物多样性要弱于第二种情况呢？请停止简单地为生物种类做加法吧，那是糟糕的数学、劣质的生物学。"

虽然巴尔博做出过这样的评价，但是在以生物种类作为生物多样性标准的问题上，人们还是没有办法达成一致。人们还是停留在对自然认识的非现代观点之上，觉得生物种类一成不变，依据每个生物个体具备的各种特点将其归为某个种类。从达尔文时代开始的演化观点并没有让人们对生物学的认识得到进步。

维持物种间的藩篱

而且生物学观点的进步遭遇一种特殊的认识论障碍：让人类不再特殊，极大损害了人类觉得自己是万物之灵的这种自恋观点。人类用了几千年时间寻找自己与众不同的特点，把自己从生物界乃至从自然中分离出来，认为自己和自然处于对立的位置。新的学说把物种之间的藩篱抹去，认为以前人类对于物种的分类完全是无稽之谈，人类根本没有任何特殊的地方。这种无差别对待所有生物的观点导致人类心生恐惧，担心最终彻底抹杀人文主义。

284 相反，如果保持物种之间的藩篱，认为各个物种具备各自的特点，相互之间毫不相干，那样就可以把其他生物从人类的道德标准体系中排除在外。而且，存在不同物种的这种思想对于人类来说非常熟悉，已经成了常识，人类早已经习惯把不同生物分门别类。这些障碍说明了为什么在保护生物多样性的问题上，即使从达尔文学说的观点看完全没有意义，但是人们依然采取列举应该保护物种名单的这种做法：人类希望物种静止不变，这样才能保护。而从物种演化的逻辑看，没有任何一个物种一成不变，物种仅仅是生物诞生与灭绝复杂机制中的一部分。

日本鳗鲡的洄游障碍

因此，我们需要保护演化论，以演化论的必要性和必然性为出发点进行新的思考。我们没有选择，人类是自然历史中的重要角色，这并不新鲜，自从发展出农业以及驯化家畜以来，人类就在影响物种演化的进程。但是一旦跨过了一个门槛，人类便从物种创造者的角色转变成物种毁灭者。由于人类对演化系统施加过强的压力，威胁到了生物多样性，于是历史跨入了尽人皆知的"人类世"（Anthropocène）。

　　人类活动导致生态系统发生巨变，各处的生物种类减少。比如，红金枪鱼消失不仅因为人类过度捕捞，还因为人类导致红金枪鱼的群落生境（biotope）变得贫瘠，食物来源减少，而且严重扰乱了红金枪鱼的繁衍。日本鳗鲡（anguille du Japon）不得不在污染严重的环境中演化，污染的环境给日本鳗鲡洄游制造了各种障碍。离我们生活更近的转基因作物，由于农业活动的磷酸盐与硝酸盐污染，致使多种植物和无脊椎动物灭绝，它们的生物多样性急剧下降。

　　从今以后应该怎样保护物种演化呢？生物学家皮埃尔 - 亨利·古永（Pierre-Henri Gouyon）这样说过："隔离与互通之间微妙的平衡创造了生物多样性。""隔离"能够保证整体的基因差别（因此不同物种之间不能产生后代），这种藩篱让同一地区生物的基因产生差别。地理上的隔离使得生物可以产生自己的独特基因。同时，保证一定程度的"互通"，可以保证竞争，通过当地的自然选择保证物种的分化。举例说明，A、B、C、D 四种生物实体，如果不隔离它们，经过繁衍最终会产生新的生物实体 E。互通对于保持 A、B、C、D 各自的多样性非常必要。如果从地理上限定它们无法互通，那么就不能繁衍，每种生物实体始终保持原来的个体特征。A、B、C、

D 只能产生和自己一模一样的后代，导致每组的基因类型越来越贫乏，最终走向灭亡。

环游地球

正是由于当今世界全球化以及城市化的原因，削弱了生物演变的活力。每天，人类进行全球贸易运输的时候，不可计数的生物随着人类进行全球旅行。通过货物交换，各种昆虫、种子、水果、细菌也走遍世界。人类每天都在引进异域的生物，打破了"隔离"状态。同时，人类建设城市基础设施，用混凝土建设各种建筑，筑起高速公路与堤坝，它们都变成了当地生物"互通"的障碍。

由于人类的行为导致全球基因变得贫乏，生物多样性被一点一点地蚕食。所以，人类必须摒弃固有印象，生物多样性不是一串一成不变的物种名单，应该采用不断运动变化的眼光去对待生物多样性问题。

必须再次强调，生物多样性对于人类来说必不可少，对于生命来说不可或缺。生物多样性在调节气候、防治寄生虫、授粉、防治水土流失、保证空气和水的质量等各种自然进程中扮演着重要角色。我们的食物、食品安全、健康同样要依靠生物多样性，因为人类使用的相当一部分药品来源于生物。可见，生物多样性波及人类经济的各个方面，比如可以提供原材料、能源，帮助人类在自然灾害面前更加强大。

陨石的影响

尤为重要的是，生物多样性能够让生物经受自然灾害的考验，正是由于物种丰富多样，在四十多亿年的时间里始终有生物在地球上生存。每次大规模生物灭绝之后，生物种类都能够再次变得丰富起来，这样才能保证生命在未来无法预见的灾难中薪火相传。

在自然选择的时候，可见生物多样性的用途。当自然环境发生改变的时候，由于物种类型众多，总有生物能够通过自然选择适应新环境，生物多样性使生命坚韧顽强。

地球历史上由于大规模高强度火山爆发，地球大气化学成分发生改变，当时的生物大规模灭绝。距离现在最近的一次大规模生物灭绝发生在六千五百万年前，由于陨石撞击地球，终结了白垩纪，曾经称霸地球的恐龙绝迹于世间。各种自然灾害绵延数亿年，却总有一些具备独特性质的生物存活下来，适应了新的环境。

这种情况一直持续到今天：在短短几百年时间里，在没有发生任何特殊的地质灾害的情况下，各种生物以前所未有的速度灭绝。

生命赢家入场券

只有让生物种类繁多才可以料敌机先，防止未来发生的各种危难。人类的免疫系统就实施着这一原则，非常有效。人体已经存在抗体对抗那些还没有变异的病毒或者在若干年后其他大洲出现的病毒。人类身体已经有尚未存在病毒的抗体？这怎么可能呢？实际上人类合成、生产几亿种不同的抗体，骨髓（moelle osseuse）细胞做"研发工程"的工作：骨髓细胞分裂，随机做出各种组合、变异。不计其数的组合可能永远都派不上用场。但是在所有的组合当中，会存在能够对抗将来出现新病毒的抗体。当生命取决于赢家入场券的时候，必胜的办法就是买下全部票券，其中必然包括赢家入场券。生物多样性就是自然的"生命保险"，生物多样性让生物革新、适应、演化。出于同样的原因，世界上很多地区进行的单一作物种植从长远眼光看来，不利于人类发展。

世间充满无穷无尽的惊喜

未来和曾经的历史一样，生物的变异与演化要经过自然选择的考验，并且物种的演化仍然继续进行。但是生物种类不断减少、作物单一化、最大限度的交换与交流不能保证生命的长期存续。未来会告诉我们生物将走向何方，这个世界充满无尽的惊喜。根据人类目前所知，任何智慧形式都不能凌驾于当前的生物系统之上，也无法预见未来并且确保生命延续。人类不可能掌握生物演化，为生物多样性遭到破坏付出的代价会远远超出我们的想象。

"我的萨克斯管每月 50 美元"

共享经济

在一幅电脑绘制的图画上，可以看到一位年轻金发女郎的背影，手里拎着提包，走在回家的路上。一辆四门大轿车和另一辆汽车停在车库前。房门前的草坪刚刚修剪过，除草机就放在花坛旁边的角落里。一个孩子刚刚从房子转角走过来，推着自行车经过房檐下，身旁有一块冲浪板倚在墙上。在楼上，一名年轻男孩站在打开的窗子前吹着萨克斯管。

图画中的每个物品旁边都有一个箭头指示，标注着租用价格：除草机每天五美元，自行车每天十八美元，冲浪板每周八十美元，四门大轿车每小时九美元，年轻男孩吹的萨克斯管每月五十美元，旁边的房间每晚三十八美元；金发女郎手里的名牌提包铂金包（Birkin）每晚租金一百美元。

　　我们身处共享经济的世界，共享经济可以优化使用价值。人们购买了一些消费品后并不常用，这是再次利用这些消费品的方式。如同成千上万的广告一样，这幅广告画张贴在网络之上。这种新型产品与服务消费方式不可或缺的盟友是因特网，通过网络，个人用户之间可以直接建立联系。这种消费方式让实体经济展示社会交往的一面，而且非常有趣，这也是共享经济能够获得成功的原因。可以想象一下，图中的男孩放下萨克斯管，走出房间，登上路口的一辆轿车。车上有三个人在等他，他们共同搭乘一辆汽车前往邻近的城市。那位金发女郎回家以后，在电脑前坐下，以自己的住房作为交换，换取远方度假目的地的临时住房。

　　二十一世纪初，好几个网站已经意识到，可以从网络共享、物物交换、二手货销售、等价换取等活动中获得越来越可观的利润。现在，这些数字化的网络平台变成了大型市场。经济危机并没有波及到这片天地。比如，在大城市里房租高得离谱，通过网络可以解决这个问题：让若干个大学生分享一个公寓，或者几代人共住一套房子，所有人都可以从中获益。分享住所、交通工具、娱乐、装备、衣服、工作，这是"协同消费"的模式。1978年就已经诞生了"协同消费"这个概念，后来英国人雷·阿尔加（Ray Algar）在 2007 年再次使用了这个词，并提倡这种消费模式。从此共享经济开始繁荣，现在看起来没有什么东西能够阻碍共享经济的继续发展。

十九世纪，伴随着煤炭产量飞速增长、电报出现、大规模铁路网建设，诞生了第一次工业革命，技术的进步使商业生产与贸易繁荣起来。在二十世纪由于新能源（石油、天然气）的成功以及 1880 年开始电力的应用，出现了第二次工业革命。凭借黑色的金子——石油，汽车和飞机给运输方式带来革命性的改变，公司规模扩大，权力更加集中。而且科技新发明，收音机、电话、爱迪生发明的白炽灯等彻底改变了日常生活。

从危害巨大的消费主义模式转向为社会做出贡献的经济模式。

美国评论作家、未来学家杰里米·里夫金（Jeremy Rifkin）认为，现在人类进入了第三次工业革命。第一次工业革命使印刷工业兴起，这是知识大规模传播必不可少的工具，而且还建成了铁路、航运线路等基础设施。第二次工业革命是通信与交通革命，是电波与公路网的革命。人类在正经历的第三次工业革命中建设了新的基础设施，包括信息高速公路、能源分配与储存的"智能"网络。杰里米·里夫金观察后得出结论，发达经济体出现的严重危机导致失业率上升、债务增加，让传统工业不堪重负。他认为："现在越来越明显，第二次工业革命正在消失，我们需要新的经济模式把人类带入更加公平、可持续发展的未来。"杰里米·里夫金表示，需要可再生能源和因特网协同作用。因为传统的能源分配模式已经变得陈旧而且危害环境，必须彻底改变："数亿人会为自己的房子、办公室、工厂生产所需原料，凭借因特网分配共享资源"，其运行方式类似于今天人们通过网络分享信息。

"危害巨大的消费主义"

社会上出现的共享经济形式必然导致重新思考所有权的问题，未来有用"使用权"代替"所有权"的趋势。杰里米·里夫金表示："未来属于共享生产。"

共享经济在今天的规模仍然很小，但是发展迅速，反映出数字革命中诞生的各种经济活动，很多人觉得这些活动深度改变了经济模式。在法国，一家名为"工业艺术"（Ars Industrialis）的协会从 2005 年开始，组织经济学家、哲学家、电脑信息专家、毒理学家（因为资本主义已经变得"使人成瘾""令人冲动"）共同探讨，撰写声明，反对屈服于"市场经济的压迫"。"工业艺术"的创始人与发起者——哲学家贝尔纳·斯蒂格勒（Bernard Stiegler）表示："是时候了，应该从危害巨大的消费主义模式转向为社会做出贡献的经济模式。"

1987年，贝尔纳·斯蒂格勒担任法国蓬皮杜艺术中心主任，组织过名为"未来记忆"的展览，展览把二十一世纪描绘成"图书馆，配备当时还不存在的新机器，每位个体获得了新的能力，被置于网络之中"。他继续数字方面的工作，表示自己很早就坚信数字科技的发展给交流赋予意义，让每个人能够为自己的所作所为负责，逃离市场逻辑的独裁统治。

智能网络

数字打乱了世界的步伐，塑造了未来的一代，这一代人迟早将掌握权力。数字让人们可以交流观点与想法，每个人都可以在平台上发表观点，与别人互换信息。在网站上销售、二次销售商品，与房东联系租赁房屋，与他人共享汽车和其他的服务：目的是优化使用，获得掌控权。有些成功十分瞩目，季节性房屋出租网站"Airbnb"

成为了全球第一的出游住宿机构。

其他领域已经超出了这个逻辑：比如能源领域，通过可再生能源的使用，从生产、管理完全中央化的系统转变成水平联合系统，很多小型能源供应者可以保证自己居住地的能源使用。通过数字网络把自家生产的过剩能源传输给其他人，"智能网络"能够保证顺利完成能源共享。在教育界也是一样，通过慕课（Mooc），最知名的教授可以在网上讲课，登记的学生可以自由进入网上教室听讲。在金融领域，大众集资（financement participatif）、微型贷款活动都获得了巨大成功，人们可以绕过银行自行筹资。

值得注意的还有"微型装配实验室"（Fab labs），这些优秀的实验室在美国数量很大，目前在很多国家的大城市里都有这种实验室。它们共享创新成果，共享生产或者维护任何产品所需的必要信息，目的是尽可能地惠及大众。这是一个非常活跃的世界性网络，能够最终产出产品，往往都是在当地生产，脱离传统的生产销售路径。"开放资源生态运动"（Open Source Ecology）汇集了很多工程师，他们通过因特网共享计划、方法、妙招，为的是自己可以生产一切。而且，他们相信随着3D打印技术的进步，不久之后各种物品的数量必然大增。

"朴素革新"

支持社会革新、信息传播极度迅速、即时反应：物联网与共享经济习惯相遇，催生各种合作互动，使小规模生产成为可能。值得关注的还有被称为"朱卡德革命"（révolution Jugaad）的"朴素革新"文化，这种文化来自贫穷的国家，在这些国家诞生了不少花费低廉而且极具创意的计划。由此可以预见未来可能围绕着另外的经济系统敞开大门。

与消费主义模式相反，共享型经济模式不把金钱当成基本媒介，而是依靠每位参与者的交流与交换，金钱让位于人们的热情与激情。所以，这种新兴经济更加吸引人。杰里米·里夫金等相当一部分专家预测，未来被称作"共享资本主义"的一代人将改变目前资本主义运行原则。

当然，尽管如此仍然需要浇灭一点这种共享经济的热情。目前出现的合作性资本主义基于微型企业彼此合作的机制。这种情况与传统的雇员制度组织形式完全不同。尽管几个国家的政府和一些国际机构支持这种新型"原子般微小"的工作单位，但是其中隐藏着危险。新型的体系很多地方可能不符合劳动法，减少了对雇员的保护，而且为市场自由原则、自由竞争原则设置了重重障碍。

另外，从人类历史上看，资本主义是一种非常新的制度。正如所有其他制度一样，资本主义在不断演化。我们不应该忘记，人类生活在一个资源有限的世界上，人们津津乐道的第三次工业革命以及相关制度可能就在现实的障碍面前败下阵来。很多新科技必不可少的原材料资源有限，这是未来发展无法回避的关键问题。

非物质的幻想

中国显示出引领第三次工业革命的决心，大量投入可再生能源与数字技术之中。需要提醒注意的是，信息技术消耗大量的能源，同样可能严重污染环境，消耗自然资源。比如，现在已经感受到一些金属变得越来越少。人们希望摆脱物质世界的幻想最终可能不过是南柯一梦。

如果人类把第三次工业革命当成延续目前消费水平的救命稻草的话，那么第三次工业革命必然失败，它没有办法挽救当下举步维艰的资本主义制度。共享经济此时出现的确有很大优势，但是只有在全球范围内人类降低消费水平的前提下，共享经济才有可能在生态保护上扮演决定性角色。目前的阶段，共享经济仅仅是资本主义新时代的一种潮流。技术如同泥足巨人，其性质就决定了它的脆弱。假如明天系统中出现漏洞，导致系统瘫痪，那么一切都会轰然倒下。

未来会告诉我们明天将出现什么，这一切也很可能实现。哲学家菲利普·贝劳德（Philippe Beraud）、经济学家弗兰克·科尔莫雷（Franck Cormerais）写下了这样的论断："市场经济、公共经济（économie publique）、礼物经济（économie du don）拥有各自的运作机制，共享经济也努力和这些经济形式一样，成为独立全面的体系。"

"路灯可以探测周围有多少人"
新城邦

西班牙城市巴塞罗那（Barcelone）靠近海滨，该城市未来感十足的街区里科技革新事业蓬勃发展，2014年"微型装配实验室"团体成员——来自四十个国家的150家"数字生产实验室"在这个街区落户。所有的落户企业都是"自己动手"活动的高手，也就是说它们希望能够把自己的革新成果交付给别人：艺术家、设计师、企业家、普通市民、希望学到新技术后应用于生产的人。

如果地方政府希望城市变得更加现代、实现更多二十一世纪出色的科技应用，展示更新的城市面孔，那么"微型装配实验室"同样会分享自己的研究成果。巴塞罗那这座城市就从中获益良多。巴塞罗那位于具备叛逆精神的加泰罗尼亚地区，节日氛围浓厚，欧洲大学生交换项目的首选目的地，也是当地的经济中心。在新科技应用方面，巴塞罗那已经领先了一步。城市中的动产和若干市政服务已经联网，在停车场地面上的传感器能够指示司机哪里有空车位，还有些传感器可以指示清洁工哪些垃圾箱已经装满应该倾倒。路灯可以探测到有多少人在周围经过，根据人数自动调整光线明暗。这些技术可以保证城市的生产效率，降低在每个人身上的花费。巴塞罗那希望更进一步，宣布邀请"微型装配实验室"进入每个街区，这使街区居民的所有需要都由"本地生产"满足。市政府还鼓励人们进行各种活动，像食品与能源一样，希望其他领域也能够自给自足。如果一切顺利的话，2030年巴塞罗那将实现梦想，成为欧洲第一个现代"城邦"（ cité-tat ）。

世界上其他国家的一些城市也在寻找有效的新科技，满足城市需要，让城市成功进入自给自足的状态。这些城市希望变得绿色环保，并且承担更大的社会责任。能源、食品、金融、微型工业，等等，可以应用新技术的领域不计其数，最终达到城市所需一切都在城市内生产的目标。成功的关键在于邀请每位市民加入到革新中来，让他们主动组织集体活动，贡献出每个人的力量。

但这并不意味着城市要自我封闭，恰恰相反，自给自足的城市始终与全世界连接，寻找更新的技术、更新的知识。自给自足的城市将成为"智能城市"。

二十一世纪将是城市的世纪，早已出现的城市化进程在全球的部分地区发展迅速而且规模宏大。所有的专家达成共识：城市化进程的现象不会减慢。在发展中国家里每个月有五百万人口进入城市居住！现在全世界人口的50%已经居住在城市当中，在2030年这个比例将达到60%，2050年将达到70%。

城市之间的关系更多的是互补而不是竞争。

城市是不是正在崛起？城市会在这场人类的深度变革中获得利益吗？经过了帝国时代、民族国家时代，更适合现代居民生活方式的城邦时代就要来临了吗？民族国家变得不合时宜，在经济全球化面前民族国家太小，在赋予公民权利的问题上民族国家又太大。当一座座城市能够自我管理、自给自足，而且城市彼此连接成网，遍布世界的时候，民族国家会不会退出历史舞台呢？尽管这样的场面可能离我们仍然很远，但是很多人认为城市在将来一定会有更大的发展，有利于更加直接的民主制度。而且城市会和市民群体共同发展出新的生活方式，试验不同的管理方

302   法，尝试生产商品、提供服务的新方式。

威尼斯、牟罗兹、拉古萨

类似巴塞罗那的一些城市已经开始改变，选择了"城邦"的道路。"城邦"一词起初是在公元前 3000 年古美索不达米亚文明（Mésopotamie）下的独立小王国，该文明分布在底格里斯河（le Tigre）与幼发拉底河（l'Euphrate）之间。每个小王国逐渐确定了长期居住地，并且与周围的乡村建立紧密联系，保证小王国的生存。这些小王国彼此之间关系紧密，或者进行贸易，或者进行战争！

过了很长时间，在七八世纪的欧洲，很多大城市也是以城邦的形式存在，自给自足、独立自主，比如：亚得里亚海（Adriatique）的威尼斯，地中海的热那亚（Gênes）和阿马尔菲（Amalfi），更北边的牟罗兹（Mulhouse），后来变成杜布罗夫尼克（Dubrovnik）的拉古萨（Raguse）。

"城上之城"

在古代，奠基者选择地址修建城邦。二十一世纪的城邦是在已经存在的城市基础之上建立而成。在西方，未来城邦的四分之三已经建好了，将来要做的是在已经存在的城市基础上建立"城上之城"。这个改变过程需要市民的革新与想象，需要让未来的街区生活节奏不要像现在一样紧张，建立更加讨人喜欢的模式。居住地、服务、绿地、运输、交通都应该采取更加温和的模式，一切应该事先设计完善。

最重要的是，未来城邦的目的是可以自给自足，至少尽可能接近自给自足的状态。首先应该凭借可再生的方式生产自己所需的能源，然后把生产多余的能源输送给临近的乡村，尽可能保证在当地生产所需物品，同时注意不要发生浪费、过度消费、产品堆积等现象。

尽可能少地向城邦输送物品，不产生垃圾，不要进行长途运输，通过多种形式实现自给自足。城邦模式与目前占统治地位的贸易全球化、自由市场全球化的模式完全相反，20世纪开始的这些发展模式破坏环境、导致污染，而且令产品质量下降，导致一些运输变得毫无意义，成本提高，而且给予地方经济致命性的打击。

如果要实现自给自足的目的，就需要摆脱对中间媒介的依赖，摆脱对不为人知的多种参与因素的依赖，这样才能更好地掌握对于个人和集体来说性命攸关的战略资源。

地下空间

世界上很多大城市核心的兴建计划都走向了让空间"变得自然"这个方向。加拿大的蒙特利尔（Montréal）开发了城市农场项目，把田地、温室安置在房顶，使果蔬的消费者与生产者走得更近，消除了仓储和运输的问题。纽约也同样建设了垂直农场，可以做到能源自给自足，水资源优化。

新加坡要解决的问题是怎样在狭小领土上养活不断增长的人口（现在新加坡人口是 540 万，预计 2030 年这一数字将达到 700 万），需要考虑如何为这些人提供未来的生活环境。因为气候变暖的缘故海平面不断上升，所以现在填海获得土地的可能性越来越小。新加坡的楼层高度达到二百八十米，由于周围有机场、军事基地，所以楼高已经达到极限。

在 2013 年 1 月，新加坡国家发展部公布了到 2030 年的土地使用计划，众多方法中包括使用现有地下空间的方案。现在新加坡境内已经建设了若干千米的快速路，正在修建一个液体碳氢燃料站。计划修建地下科学城，建成之后估计能够容纳 4200 名科研工作者。新加坡政府还想更进一步，非常看好"地下空间的大好前景"，准备建设地下公共交通，包括地下人行道与自行车道，而且还要在地下修建商业中心和其他公共设施。新加坡政府指出，日本、斯堪的纳维亚国家、加拿大已经对地下空间进行了开发。

可见，如同新加坡一样，其他国家和地区由于人口密度大、土地面积小的原因，加上环境问题、社会问题、城市扩张等因素，使用地下空间很可能成为明日城市的发展趋势。不过，这种趋势会遇到障碍，不仅是技术障碍，还有心理障碍……

高科技与生化城市

现代城邦最重要的特点是联网，这是现代城邦的特殊之处，也是其能成为典范的原因。未来的城邦不会孤立存在，而是充分利用高科技手段，彼此之间做到高度互通互联，与世界紧密连接。现代城邦将变成全球城市、生化城市（biocities），高度关注生态的同时使用最尖端的科技。

面对城市化问题，二十世纪人们对于城市未来的发展进行了大量研究。社会学家萨斯基亚·萨森（Saskia Sassen）的研究成果在二十世纪八十年代到九十年代，也就是金融市场大幅调整的阶段得到很大的关注。萨斯基亚·萨森已经用批评的方式描述了"全球化城市"的样貌。在经济全球化的背景下，这类城市会集中各种各样的关键力量：服务部门、研究中心、大学的精英学者、银行、金融机构、跨国公司的总部。纽约、伦敦、东京都是影响力巨大的重要城市，在萨斯基亚·萨森看来这些城市就是未来城邦的蓝本。

其他的空间规划同样融入城市建设当中，改变了大都会的面貌。二十一世纪的全球化未来城市必然会存在影响世界的多种部门，每个部门各司其职。这些部门力量强大，种类多样，数量惊人，相互连通。未来城市之间的关系更多的是相互补充，而不是彼此竞争。它们将成为对抗气候变暖的第一道防线，减少碳排放，从各个方面用多种手段达到节能减排的目标。当今世界上各个国家领导人协商解决环境问题，未来将由各个城市的市长协商解决生态环保问题。

"地球是一只大象、一头鲸，还是一匹骆驼？"

盖亚假说

盖亚（Gaïa），人们选择这个名字指代地球上真正的大自然。盖亚是太阳系最伟大的生物，绝不是没有生命的存在，更不是在太空毫无目的演化的"太空船"。盖亚本来是古希腊大地女神的名字，是各种生命的母亲，用丰满的乳房哺育了诸神与怪物，人类与神灵在盖亚面前肃然起敬。

英国科学家詹姆斯·洛夫洛克（James Lovelock）于1969年在新泽西普林斯顿一场关于地球生命起源的研讨会上，首次提出了盖亚理论假说。大多数的科学家对洛夫洛克的研究兴趣索然，但是美国生物学家琳恩·马古利斯（Lynn Margulis）等少数科学家相信这种理论，自此开始了马古利斯和洛夫洛克卓有成效的合作。

　　盖亚假说提出属于生命科学与地球科学的演化理论。洛夫洛克认为，所有的有机成分，即生物圈，与空气、海洋、地球表面共同形成了复杂的个体，行为如同生物组织。

　　尤其值得提出的是，盖亚能处理突如其来的各种改变并做出反应，或者限制这些改变，或者中和这些改变，目的是保证有利于生物的生存环境。盖亚知道如何应对环境的任性行为。

　　长久以来这种假说饱受争议，而现在人们开始严肃地考虑这种假说了。为了更清楚地阐述与演示，洛夫洛克常常把地球比作动物，他解释道："如果做类比的话，跃入我脑海的是大象或者鲸。最近我觉得地球更像是骆驼。和其他动物不同，骆驼可以根据外界情况把体温调节到两个不同的稳定水平。白天，天气炎热，骆驼把体温维持在40摄氏度。到了晚上，沙漠中气温下降，甚至会结冰，骆驼如果仍然把体温维持在40摄氏度的话会丧失很多热量，所以骆驼把体温降到34摄氏度，这样骆驼既不会丧失过多的热量又能够保持温暖。和骆驼一样，盖亚呈现各种稳定的状态，适应各种不同的环境。几千年前到二十世纪是一个稳定的状态，等出现气温过度升高或者过度降低的趋势时，盖亚如同骆驼一样会走向另一个稳定状态，更加有利于生物生存。这就是盖亚现在准备要做的事情。"

詹姆斯·洛夫洛克补充表示，不过地球上的人类似乎没有意识到地球的生物特性，看不出地球调节气候和化学组成的能力。

所有改变世界的科学理论都经历过同样的历程：先是遭到忽视，被人拒绝、嘲笑，然后逐渐为人所了解，最后得到广泛认可，成为公认的标准与事实。美国学者托马斯·库恩（Thomas Kuhn）在他的一本社会学经典著作《科学革命结构》（*La Structure des révolutions scientifiques*）中做出了如是描述。真正的认知革命总是要经过"遭到忽视"的阶段。

"人类自养"

洛夫洛克的盖亚假说也是一样，别人起初唾弃这种假说，认为它"不科学"，而后觉得无法验证，但是当前科学界对盖亚假说越来越重视。起初洛夫洛克与美国生物学家琳恩·马古利斯合作提出来这种假说，现在信奉该假说的科学家人数众多，其中包括瑞典化学家拉尔斯·加纳·西仑（Lars Gunnar Sillen）、荷兰地质学家彼得·韦斯特布鲁克（Peter Westbroek）。

　　盖亚假说推翻了人类是无限发展的现代社会中心这一理论。

　　弗拉基米尔·维尔纳茨基（Vladimir Vernadski）"创造"了"生物圈"一词，他是盖亚假说和人类世（Anthropocène）概念的先驱。维尔纳茨基学识渊博，是俄国的民主主义者、人道主义者，曾经在法国避难，与玛丽·居里（Marie Curie）一起工作。现在大家公认弗拉基米尔·维尔纳茨基是世界生态学之父。他在 1925 年一篇名为《人类自养》（L'Autotrophie de l'humanité）的文章中这样写道："在亨利·伯格森（Henri Bergson）笔下的人类是'制造工具的人类'。人类能够改变环境，改变居住地附近的化学组成、矿物成分，人类的生活环境就是地球表面。一个世纪接着一个世纪，人类给环境带来的影响越来越强大、越来越协调。在自然学家看来，人类对于生态环境的改变与其他因素造成的生态环境改变并无不同。"

　　地球表面上出现了一种新形式的地质形态：人类。人类的活动改变了整个生态系统。但是人类的厄运在于自己的行动能力与认知能力在时间上并不相符，人类在没有充分认识自然之前行动已经给自然造成伤害：世间万物的实际情况超过人类的认知，过去人类以为世界是无限的、机械的，呈线性发展，于是人类按照自己的方式错误地行事，认为这样才是最有利的，而事实则恰恰相反。

"疯狂的宇宙飞船"

2016 年召开的下一届国际地质学大会上①，来自世界各地的地质学家将欢聚一堂，决定当前所处的全新世（Holocène）是否应该结束。维尔纳茨基给出了新时代的定义，我们将要知道世界是不是像诺贝尔奖化学奖获得者保罗·克鲁岑（Paul Crutzen）提出的那样，进入了新的地质时代——"人类世"（Anthropocène）。琳恩·马古利斯多次表示，弗拉基米尔·维尔纳茨基的贡献不亚于达尔文。达尔文证明了时间的统一性（所有的生物都有共同的祖先），维尔纳茨基证明了空间的统一性。生物与无机物质的边界消失了，出现了生物圈的概念。边界消失以后，我们所处的环境就是一个统一的系统。

1969 年，威廉·戈尔丁（William Golding）建议给

---

① 译者注：法语版原书出版时尚未召开那一届的地质大会。

312 詹姆斯·洛夫洛克的假说起名"盖亚假说"，该理论认为
地球是一个活体组织。使用古希腊女神的名字为假说命
名，凸显出现代科学理论并没有解决古老的问题。洛夫
洛克坚决反对用机械化的观点看待地球，觉得这种观点
"把地球看成一架疯狂的宇宙飞船，永远在航行，没有目
标，没人掌舵，愚蠢地围绕太阳旋转"。根据维尔纳茨基
的理论（在不直接引用其观点的前提下），生物是改变地
球的地质力量，洛夫洛克把这种理论更推进一步，并且
看到了最终目的：改造地球……确保整个生态系统适合
生命存活。

"闭目散步"

根据盖亚假说，新的学科将随之出现："地质生理
学"，研究地球普遍行为的学科。洛夫洛克表示盖亚假说
中神秘主义的部分由自己研究得出，而新纪元运动（New
Age）很可能将这种假说归入他们的思潮当中加以利用。
洛夫洛克在《盖亚时代》（*Les Âges de Gaïa*）这本书中解
释："盖亚假说认为地球拥有生命，而且应该把这种信仰
附着在已经存在的宗教信仰之上。爱尔兰西部、一些拉
丁国家乡村等偏远地区就存在特殊的信仰。在那些地方，
人们对圣母玛利亚的信仰似乎存在更多的含义，吸引人

们祈祷的不仅是宗教本身……我不禁觉得，那些乡民深深热爱的东西远超过基督教意义上的圣母……如果能够让他们在心中理解圣母玛利亚是盖亚的化身，他们可能会意识到人类毁坏环境行为带来的危害，受害者正是人类之母、永恒生命的源泉。"

关于地质生理学谈到的盖亚指的并不是地球，而是人、生物、非生物组成的互动系统。该生理系统的特殊之处在于自我调节。洛夫洛克谈地球宛如"生物"，用的是暗喻方法。这种自我调节的目的在于保证土地的化学组成和气温适合生命的生存与繁衍："气候与地球的化学特性不论是在今天还是在整个历史，似乎始终有利于生物存活。如果说这种现象的出现纯属意外的话，那么这种概率极低，几乎相当于在城市上下班高峰期间紧闭双眼在街头散步而安然无恙。"

演化的计谋

所以地球物理学家会努力证明世间万物如何相互关联，生物怎样与无机物质互动保持整个系统运行，努力保证各种条件都有利于地球上生物生存。克劳德·贝尔纳（Claude Bernard）引入了"稳态"（homéostasie）这个概念，指的是系统自我调节的能力。地球的稳态构成了共生。贝尔纳这样描述道："盖亚假说的出发点基于生物圈是可以积极调控适应的系统，能够把地球保持在稳态中。"因此，生命与物理环境改变着地球，目的是调节地球。"活的"地球调整自己的化学组成以便让气温稳定。为了达到这个目的，系统应该有能力调节海洋酸碱度、氧气浓度、氮气浓度、二氧化碳浓度……

大气中氧气浓度调节说明了这一原则。氧气对于生命来说必不可少，氧气首先由植物创造（利用二氧化碳和水，通过光合作用）。氧气在大气中达到了理想浓度即20% 左右（花了大约二十亿年时间），生物圈通过保证氮气水平和一系列复杂机制的控制，保证氧气浓度始终稳定。

排尿属于复杂机制之一。洛夫洛克考虑过，为什么我们要小便。乍看来，可以回答排尿是为了排除机体产生的废物。但是洛夫洛克对这个答案并不满意：我们以水溶液的形式（尿液）排除身体产生的氮，可是如果在呼气时把氮排出，过程就会简单得多。人体为什么浪费能量和水呢？这可能是演化的计谋，正能够说明盖亚假说：如果我们不排尿，那么土地就会缺乏氮元素，于是植物就不会生长……

盖亚的报复

盖亚假说在今天获得了一定的成功，相当一部分生态哲学家与思想家认可这种理论。盖亚假说迫使人类中心论走入死路。人类中心论把无限的世界封闭，人类是这个世界的中心。盖亚理论与之正好相反：世间满是限制，人类是整个世界众多元素中的一个。盖亚理论甚至推翻了"环境"的概念。现代社会把生物和物质分开，把人类与环境分开。盖亚理论把人为分隔开的东西重聚起来，终结了这些现代理论。人类终于回到盖亚系统当中。这是"生态系统"的思维方式，也就是说人和一些元素互相作用，互相依赖。

美国学者奥尔多·利奥波德（Aldo Léopold）请人们"像大山一样思考"。他的思想传承人约翰·贝尔德·卡利科特（John Baird Callicott）请人们"像盖亚一样思考"。目的在于让人类回归自然，重拾谦逊、负责的态度。

当然，从科学论断出发，可以猜测、想象。詹姆斯·洛夫洛克想象盖亚怒火中烧，正在与人类抗争。盖亚会报复，人类自己站在了盖亚敌人的位置上。"毁坏环境如同在我们毫无头绪的情况下向盖亚宣战"，所以，盖亚最终会处理掉我们。

"在自然界的盛宴上，并非人人都有餐具"

人口与资源

　　一方面，请看下边一组数字：1960 年世界人口达到三十亿，2010 年世界人口达到七十亿，其中半数居住在城市。另一方面，是明显的事实：在这段时间里气候剧烈变化，全球各地都受到严重影响。对于很多人口学专家来说，这两样事实并没有必然联系。同时也有很多人口学专家不这么想，他们把人口、生活方式、技术进步、环境等因素交叉比对。

　　法国的国家人口研究学院（Ined）科学家雅克·韦龙（Jacques Véron）解释道，这种研究方法为的是估算"环境承载力"（capacité de charge）。环境承载力指的是什么？比如说一群动物的环境承载力，换言之指的是这群动物的数量极限是多少，超过了这个极限，这群动物就不能在某一环境范围内生活，如果强行生活的话必然遭受痛苦，甚至灭亡。人类的环境承载力如何？一旦超过了哪个极限人类就无法在地球上生存？从什么时候开始人口太多导致资源匮乏？

很久以来人类就存在对于人口极限以及相关后果的恐惧。1803 年，令人肃然起敬的马尔萨斯（Malthus）提出："一个人出生在已经挤满人类的世界上，如果父母没有办法为他提供生存所必需的资源，如果社会根本不需要他的工作，他该怎么办？"很明显，这是一个多余的人。马尔萨斯说过这样一句简单明了的名言："在自然界的盛宴上，没有他的餐具。"马尔萨斯根据这一假设继续推论，如果人们给这个后来者让出生存空间，接下来会发生什么？"宴会的和谐被打破，原来的丰富菜肴不足以让人果腹，最终出现饥荒。缺衣少食的悲惨场面使参与宴会的全部宾客兴致一扫而空。"

的确，从马尔萨斯的字里行间可以读出对于生产本位主义的批评，尤其值得注意的是其明晰的洞察力，世界的资源终有穷尽之时，大自然有自己的极限。马尔萨斯属于统治阶级，捍卫本阶级的利益，而他提出了很多穷人需要面临的问题。

二十世纪中期人类最大的恐惧就是地球的承载能力

318

达到极限，当时人们担心：我生活在有七亿中国人的世界上！现在地球仍处在人口爆炸式增长当中。专家做过估算，一些对未来人口数量的预计结果令人不寒而栗。

1972 年，为罗马俱乐部（Club de Rome）① 工作的麻省理工学院一支研究团队担心人口迅速增长问题：人口增长威胁人类的未来，人口增长会导致资源耗尽。十五年后，也就是 1987 年，为了里约（Rio）地球峰会（sommet de la Terre）做准备，制定了布伦特蓝报告（le rapport Brundtland），报告表示必须执行可持续发展，并且提议应该把全球人口稳定在六十亿左右。上文中提到关于盛宴的寓言，捍卫的是已经活在世上的人类利益，与之相反，这份报告则鼓励人们关注未来人类的权利。

以中国为代表的国家，尽管出台了控制出生率的政策，尽管很多发展中国家的人口增长状况出现改观，但是实际人口数量早就超过了报告中提出的六十亿的门槛，估计 2050 年全球人口将达到九十亿，那时地球的环境承载力可能会达到极限……

1968 年，生物学家保罗·艾力希（Paul Ehrlich）在

---

① 译者注：罗马俱乐部是未来研究的国际性民间学术团体，有很多科学家、经济学家等专业人士，探讨全球未来发展问题。

美国出版了名为《人口炸弹》（*La Bombe P*）的作品，大获成功，引起读者的强烈反响。面对世界人口高速增长的情况，他表示了自己的担忧，并且列举出过分夸大的一系列数字。比如，印度城市加尔各答（Calcutta）在 2000 年人口将达到六千六百万（今天该城市人口为一千五百万）。并且预言十年后将出现世界范围内的大饥荒，影响范围覆盖所有发展中国家。

保罗·艾力希要求立即实施控制出生率的政策，这样才能遏制人口增长。他还在后来的作品中进一步阐述自己的新马尔萨斯理论，他的学说遭到广泛质疑，而且事实证明他的预言完全错误。但是，正如保罗·艾力希颇为自得的那样，他是把环境问题与人口压力联系起来的先行者之一。

社会对抗自然

在不到一百年的时间里世界人口总数猛增到原来的六倍！

尽管达尔文理论在生物领域中做出了贡献，但是新马尔萨斯主义中"稳定"人口数量的想法始终存在于一些环保主义者的口中。有些人觉得自然平衡可以保证稳定状态，任何生态系统的变化都会破坏平衡，这样的想法始终存在。不过，根据达尔文的演化理论，自然法则恰恰是不稳定的。保证自然平衡根本不可能做到，而且就保护生物来说也不应该保证这种平衡。同经济、政治一样，自然不会保持平衡不变。

塞尔日·莫斯科维奇（Serge Moscovici）在作品《社会对抗自然》中表示必须进行这种思想革命，让人们改变原来的错误看法。莫斯科维奇把英国动物学家查尔斯·萨瑟兰·埃尔顿（Charles Sutherland Elton）的研究成果作为论据，埃尔顿的研究成果显示，"十九世纪的自然学家在没有做任何改动的情况下重拾生命平衡的理论，也就是说要保持人口数量恒定"。实际上这种理论源于"过去的宗教思想。根据这些思想，上帝创造的世界和谐稳定，之所以出现各种灾难，原因在于人类扰乱了这种秩序或者人类胡乱行事，所以上帝惩罚人类"。人类既是生态危机的始作俑者，也是生态危机的受害者，出现的危机就是"盖亚的报复"。地球遭到攻击后必然反击。埃尔顿还表示："'动物会演化以适应环境'的理论出现后，在生物学层面人们很容易接受这种思想。因为我们假设动物与它们周围的环境关系紧密（正确），动物对环境的适应导致不同物种之间存在稳定的平衡关系（错误）。"

正是在这种对自然平衡的执念中，出现了理论基础，诞生了各种类似自然平衡的可疑理论，把人类看成扰乱平衡的元素。于是发展出了反人文主义思想，把人类比作病原体：爱德华·戈德史密斯（Édouard Goldsmith）把人类比作疾病，英国的菲利普亲王和加拿大的保罗·沃森（Paul Watson）把人类比作病毒，生物学家吉尔-艾瑞克·塞拉利尼（Gilles-Éric Séralini）把人类比作细菌，詹姆斯·洛夫洛克（James Lovelock）把人类比作肿瘤！

"抢劫与浪费"

《人口炸弹》一书出版几年之后，曾经参加法兰西共和国总统竞选的候选人勒内·迪蒙（René Dumont）在1974年4月的电视演讲中这样开场："今天晚上我要谈的是我们未来的最大威胁——人口过剩，不论在法国还是在世界其他地方都面临这个危险。"他接着说道："世界上的人口数量太多了，尤其是第三世界国家。那些国家自从1959年至今，农业增长始终难以跟上人口增长……"勒内·迪蒙还呼吁在世界各地宣传节育措施，强调道："富裕国家抢劫、浪费第三世界国家的资源与财富，控制富裕国家的人口增长要比控制贫穷国家人口增长更加重要。"那时，法国有五千三百万人口，全球人口为四十亿。

而且，保罗·艾力希甚至提议强制绝育，如此控制人口才能解决生态问题。这样的宣传方式导致人们对人口问题存有戒心。虽然没有直接质疑人口学专家，但是始终不让人口学专家介入环境保护的核心问题。生态学与人口学对世界的现状与未来都充满关切，但是长时间以来，这两个学科在研究分析方面始终保持距离。

人口学专家预计在 2050 年世界人口将达到九十亿。人们希望通过在发展中国家教育女性，确保真正的男女平等，把世界人口总数保持在这个水平。从二十世纪七十年代至今的众多研究显示，女性受教育程度与生育率呈现负相关关系。

和以前不同，生态环保运动今天不再把控制人口作为重点。环保主义者认为只有让地球全部居民对自己的行为负责，才能够弥补二十世纪人类活动造成的环境损失。

美国人还是巴布亚新几内亚人？

纵观人类历史，尤其是人口增减的历史轨迹，看到二十世纪的人口爆炸我们一定会大吃一惊。在两千年时间里世界人口仅仅增加一倍，而在最近不到一百年的时间里，世界人口总数猛增到原来的六倍！正是人口加速增长的现象让人觉得情况失控。但要知道地球是否真的面临人口过剩的问题，需要首先了解不能逾越的人口上限。怎样确定人口上限的数字呢？依据哪种模式计算呢？是应该根据美国人的生活方式还是应该根据巴布亚新几内亚人的生活方式计算呢？其实人口并不是决定环境压力的决定性因素。摩纳哥和梵蒂冈的人口密度要比孟加拉国的人口密度大得多！其实世界人口能够继续生存与否取决于人们的生活方式、高端科技低端技术在生活中的位置、社会革命、人类力所能及的财富分配方式等因素。

某些公民 8 全球性公顷[1]，某些公民 0.8 全球性公顷

同样，人们常常把城市中的人口过剩与地球上人口总量两个概念混淆。城市居民过分密集的确是事实，是未来的严重问题之一。需要解决由于人口向城市流动造成的地方性问题，而且根据社会规律看来，向城市涌来的人口流动趋势应该仍然会继续下去。但是这与人口增长毫无关系，并不代表有全球人口过剩的问题。

---

[1] 译者注：全球性公顷是生态足迹的单位，一单位的全球性公顷指的是一公顷具有全球平均产量的生产力空间。

今天观察到的环境质量恶化问题并非由于人口数量过大造成，而是由一部分人的生活方式和消费方式造成的，他们给地球留下了严重的"生态足迹"（empreinte écologique）。生态足迹是 1997 年科学家瓦柯纳格（Wackernagel）与里斯（Rees）研究制定的测量工具，可以衡量个人或群体对环境造成的压力。这两位科学家在二十世纪九十年代初揭示了不同生活方式对环境影响的巨大差异，一个普通的加拿大人的生态足迹是 8 全球性公顷（hg=hectare global），一个普通印度人的生态足迹是 0.8 全球性公顷。用反全球化人士大卫·科滕（David Korten）的话总结，简言之，"过度消费者"要比地球上其他居民留下的生态足迹多得多。过度消费者主要来自工业化国家，而且在新近崛起的国家和发展中国家中，越来越多的富裕居民也开始使用汽车、飞机这些污染严重的交通工具。这些人的食谱中肉类比重越来越大，为住处消耗的能源也越来越多。专家们就一点达成共识：如果人们继续这样生活下去，如果地球上所有居民都采取发达国家的生活方式，必将产生巨大的生态压力，环境最终因为不堪重负而崩溃。

扩展与密集

气候变暖的后果显而易见。绝不应该把人口过多与环境污染直接联系起来，两者之间没有因果关系。并非人口最多的地区释放最多的温室气体，而是最富有的地区和发展最快的地区释放温室气体最多：美国领土面积广大，并不存在人口过多的问题，但是美国却是释放温室气体最多的国家之一。而且人们常常批评人口过度密集，导致气候变暖，因此倾向于向四周扩展城市。当然，这种解决方法获得成功的前提是采取适当的管理方式，有效利用资源，用全新方式进行社会组织，采取合适的城市化进程。在欧洲以及其他地区的几个城市已经做出了优秀典范，很多国家的政府已经注意到环境保护的重要性。此外，人口密集分布并非没有好处，这样可以防止建筑物在国土上恣意蔓延，减少不必要的长途运输和远程出行。

达尔文理论提出了生物具备独有的活力，这种活力有利于通过自然选择的方式让人类不断演化，适应环境。除此之外，人类要回答的问题不是"我们有多少？"而是"我们应该如何生活？"更重要的问题在于"未来我们要采取怎样的生活方式？"

"权力位于河流上游"

水

      这是一件鲜为人知的史实：1503 年夏季，利奥纳多·达·芬奇（Léonard de Vinci）和马基雅弗利（Machiavel）在佛罗伦萨（Florence）一起想象怎样让阿诺河 (Arno) 改道，淹没繁荣昌盛的敌对城市比萨（Pise）的防御设施。后来因为秋季阴雨连绵而作罢，但是正如历史学家帕特里克·比舍龙（Patrick Boucheron）在讲述这段趣事时所写，这种"河流思维"拉近了两人的距离："对于政治理论家马基雅弗利来说，统治意味着驯服命运。命运如同河流，总是要决堤奔涌而出。对于画家达·芬奇来说，通过技术疏导水流的强大力量，意味着成为控制自然力量的主人。"这种比喻十分贴切。

      水是生命之源，它的本质就注定了水是一种强大的政治工具。自古至今，在亚洲、非洲干旱季节总是伴随着大规模动乱。今天和以前一样，在世界上很多国家，水依然是造成紧张局面的根源。在上游即靠近水源的一方占据优势。在未来，这样的争斗可能越来越频繁。

的确，地球这颗蓝色星球充满了水。但是其中97.2%是盐水！只有不到3%的淡水，其中还要除去冰川和永久积雪所占的水量。剩下的可用淡水总量寥寥可数，尤其是在二十一世纪世界人口快速增长的情况下水资源更显得稀缺。在过去的四十亿年时间里，全球水量保持恒定，但是当世界进入现代社会，一切都发生了变化。在不到五十年的时间里，人口飞速增长，世界各国加速工业化进程，农业生产方式改变，这些都让水在地球上的循环发生改变，并且扰乱了自然进程。淡水变成了脆弱的稀有资源。拿农业作为例子，自二十世纪六十年代以来，灌溉使用的淡水占了淡水总消耗量的70%！地球表面的灌溉区域面积是原来的五倍，而且这些需要灌溉的农田往往在土地贫瘠地区，由于水蒸发速度快，所以收成并不好。

如果人类继续以这样的速度发展，地球气温持续攀升，那么水资源很可能短缺。目前，令人最担心的是由于化学污染致使水质下降，人类的健康受到影响。人类把废水排放到自然界中，玷污了河流、地下水，数亿人没有干净的饮用水。除非国际社会迅速做出反应，否则这种情况很难得到改善，水质只会每况愈下。

古希腊哲学家米利都的泰勒斯（Thalès de Milet）认为，"水是万物之本源"，是基本的组成因素：生命从水中孕育，大多数生物在水中演化，我们自己的身体超过60%的成分由水组成。

水以液体形态覆盖了地球72%的表面积，不同地区、南北半球水资源分布极其不平衡。淡水仅占很小的一部分，地球上的水资源绝大部分是海水。而且，大部分淡水资源人类很难获得，这些淡水有些以极地冰盖的形式存在，有些被封存在地幔之下。地球上生物赖以生存，可以用来饮用、解渴、灌溉的水实在不多。

一张纸的厚度

最大的错误是仅凭眼前所见误以为出现全球水资源匮乏。

一方面海水占了水资源的绝大多数，另一方面对所有人来说淡水的分配并不平均。每个国家的水资源都要依赖本国的气候情况、降水多少，而且变化很大。各个国家的水资源分布差异巨大，有九个国家独占了世界可更新水资源的 60%，有些国家几乎没有任何水资源。水的全球总量估计约有 14 亿立方米，看起来似乎十分丰富，实际上如果把这些水平铺在地球表面，水深仅仅相当于一张纸的厚度。几千年来，地球上的水量基本没有变化。

水资源压力

我们进入了人类世（Anthropocène），在这个时期人类对于地球系统的影响占统治地位。水循环受到影响。人类历史上第一次出现了过度开发水资源的情况，而且为了满足不断增长的世界人口需求，水资源治理已经威胁到日后的稳定。在不到一个世纪的时间里，人类从自然中汲取的水量达到原来的七倍！

水的储备和水质下降逐渐成为最令人担忧的问题。根据联合国的估算，从现在到 2050 年，全世界对水的需求可能会翻倍，一切都发展得太过迅速。不到半个世纪的时间，可再生而且能够被人利用的水资源变成了原来的三分之一。十五年之内这种水资源还会继续减少。到那时，世界人口总数可能达到或者接近九十亿。这意味着其中有一半人口面临缺水的情况。世界卫生组织（OMS）表示，当一个人每年拥有不到 1700 立方米水的时候，处在水资源压力之下，当一个人每年拥有不到1000 立方米水的时候就处在缺水状态。

由于水资源分配极度不平衡，很多地区的居民要历尽千辛万苦才能获得水资源，世界人口的三分之一处在缺乏饮用水的状态下，在至少八十个国家里有十一亿人无法获得清洁的水。城市发展、工业腾飞、集约化农业规模增长，这一切都要消耗大量的水，以上就是今天世界上水资源的现状。

水果与蔬菜

其他关于气候变暖的因素很少被人提及。当气温升高，对于水的需求自然增加：一方面人们需要更多的水进行农业灌溉，另一方面水的蒸发变得愈加迅速……

似乎我们已经进入了恶性循环，人类遇到了最近五百年来最严重的干旱，几年来旱情横扫美国西部，尤其是加利福尼亚州和相邻的内华达州。在加利福尼亚，由于干旱造成了严重的经济损失，因为该州是重要的水果与蔬菜产区。干旱范围过大，适合二十世纪气候与水文的种植方式已经不再适合今天与未来了。必须重新考虑加利福尼亚州的整体管理方式。自从 2014 年 1 月开始，加利福尼亚州长宣布进入紧急状态，鼓励居民减少 20%

的用水。

令人担心的是这种干旱在未来会在世界其他国家与地区蔓延开来，比如在阿拉伯半岛、环地中海地区、中亚地区。也门首都萨纳（Sanaa）长久处于缺水状态，每个星期只能给每个家庭供水两次。另外，在欧洲、北美洲东部，由于暴雨连绵，人们饱受洪水之苦。洪水同样会威胁当地居民，严重损害农业生产。

积极意义

面对这种情况，最大的错误是仅凭眼前所见误以为出现全球水资源匮乏。水循环始终如此，并没有改变，今天的水并没有比昨天少，改变的是水的用途。水资源治理导致水的分布改变、某些地区过分汲取水、污染导致水质下降，所有这些因素令不同地区的人们以极不平等的方式获得水资源。最重要的是，需要重新审视水的用途，考虑如何减少水的用量，不仅在个人层面思考，更要在社会组织、农业、工业大层面上思考，到处都应该尽可能减少水的用量。

比如，在农业方面仅仅 18% 的耕种土地得到灌溉，这些土地出产 40% 的作物。这种灌溉方式往往应用在土地贫瘠的地区，当地缺乏水资源，如此灌溉已经不适合现在的情况，需要做出改变。超过三分之二的灌溉田地位于亚洲，在人口密度大、食用稻米的地区。但是由于田间管理不佳，灌溉的水只有一小部分被作物吸收，其他的水分白白蒸发，作物产量并不理想。可以采取更加有效的农业用水管理方法，减少水资源消耗。比如，滴灌法、回收再利用法，都可以更加有效地用水。这些技术拥有积极意义，经过实践检验切实可行，接下来只等大规模推广应用。

选择何种作物同样非常关键，很多作物并不适合在当地的纬度种植。比如，玉米源自美洲热带地区，需要大量水分，在法国扩大玉米种植土地直到南部的做法并不合适。

紧张局势与战争冲突

水是生命之源，也是农业与工业、普通居民与职业人士、城市与乡村、国家与国家之间出现紧张局势的原因。比如，埃及与埃塞俄比亚就是因尼罗河问题关系紧张。

有时，共同管理水资源也会促进和平，出现惊人的合作：其中最著名的例子是印度与巴基斯坦的合作。印巴双方在二十世纪六十年代就有过冲突，但是两国从来没有停止共同出资修建对双方有利的印度河水利设施。

"一切都是他们的错！"

债务的发明

2014 年 5 月 31 日，巴黎，幽默演员克里斯托弗·阿雷韦克（Christophe Alévêque）的表演大获成功：整个剧场的观众都在为他"经济学课程"和"庆祝负债"的笑话捧腹大笑。他的表演不禁让我们想起欠下的巨额外债和需要偿还的利息，这让法国人民背上了沉重负担，但是又无计可施。债务"如同国王般至高无上，因为债务和国王一样没经过选举就自行上台"！阿雷韦克在表演中说，那么为什么要还债呢？几名反全球化专家支持他在表演中表达的不偿还债务的想法。沉重的债务是我们的错吗？普通人面对经济危机、金融全球化问题普遍表现出不理解、愤慨，阿雷韦克在表演中表达了人们的这种感情。

债务这个概念已经有 5000 年历史了，无政府主义人类学家大卫·格雷博（David Graeber）在一本书中提到这一点。他的这本书在美国得到读者欢迎，被翻译后登陆欧洲。债务是穿越世纪的史诗，可以回溯到公元前3000年苏美尔（Sumer）文明：这是迄今为止最古老的债务，比最早出现的货币还要早。借贷系统把农民联系起来，农民付出的代价往往是自己和后代的自由。格雷博的论点是：自从远古的起源开始，债务始终是统治工具。在法律条文和宗教理论的支持下，债务变成了荣誉和道德问题。借债者蒙受耻辱，因为借债者必须抵偿债务！格雷博告诉人们，负债的国家承受巨大的压力，所以，应该"彻底免去这些国家的债务"。

很多政治领袖和分析专家并不同意他的观点。但无论如何格雷博毕竟指出了一些值得关注的问题，其中包括世界银行、国际货币基金组织在内的一些国际组织引起的各种问题。过去，这些组织曾经以债务为要挟手段，强制别的国家执行一些调整方案，最终导致了恶劣的社会后果。对于最贫困的人口来说，上述国际组织以及参与这些组织的国家有一份社会债务需要清偿，难道不是吗？

工业化国家在发展中国家的土地上没有缴纳任何费用就开发自然资源，这种债务又该怎么办？如果把债务的概念扩大，那么人类对于子孙后代的债务需要如何清偿呢？

债务成了经济的发动机。我们[1]依靠借贷生活，日复一日，我们的贷款越来越多。如果一直借贷下去无法"刹车"，那么债务就成了大问题：必须更多地借款才能还债，最终债务总量变得无比巨大，结果，原本拥有权力的债务方与原本在债权方低人一等的债权方两边的力量对比翻转过来。

世界上大多数国家的政府都负债，世界公共债务综合超过四百万亿美元。法国的债务大约是两万亿欧元。有几个国家的债务过多，已经没有办法在到期时偿还。

这种情况相当于现代奴隶制度。

国家负债的现象古已有之，在中世纪、文艺复兴时期的意大利共和国、城市多有负债问题。它们是最初依靠被称为"monti"的债务建立的国家，由此诞生了"赈济贷款公司"（monts-de-piété）。一个主权国家原则上会为了国债确定法律框架，利用税收、让本国货币贬值的方法缓解债务压力。但是在越来越全球化的世界，国家与国家之间贸易越来越频繁，各国都要和自己的合作国

---

① 译者注：本书是法国书籍，所以此处指法国人。

336 家商讨、妥协，找到双方接受的方法。

遗产

从时间层面上看，债务是当前几代人与未来几代人的合同。为了让一代代人之间的债务保持合法性，必须有一种互惠性。这种互惠性原则下，如果让未来几代人偿还贷款，那么未来几代人应该获得现代人的遗产，希望未来子孙能够凭借这些遗产更好地生活。未来几代人能够"获得"的唯一遗产就是债务。

但是保证这一切运行的机制是历史可以朝一个方向不断进步，经济状况越来越好，子孙后代拥有比我们更好的生活条件。不幸的是事实未必如此。我们并没有迎来期盼已久的"进步"，于是人们开始质疑债务的合理性。换句话说，如果要维持资本主义制度下全球化的债务系统，就必须依赖经济不断增长、财富始终增值。然而，我们陷入了恶性循环：债务增加阻碍经济增长，经济不再增长反过来产生更多的债务，于是债务的合理性就不复存在。

负罪与奴役

"神、种族、族群给人类留下了一份天然遗产：对没有偿还债务的压力、希望还清债务的渴望。"（尼采）负债代表了错误。"负债"与"错误"两个词可以翻译成同一个德语词"schuld"。债务是从经济领域通向道德领域的连接点。债务系统保证负罪感的存在，经济学家贝尔纳·马里（Bernard Maris）就此问题说过这样的话："在资本主义时代，随着时间的流逝，人们的账户永远不会清偿。账户中多余的金钱数额也不是救赎的证据，因为多余的财富必须不断增加生出更多的财富。这就是为什么市场中到处流动着痛苦与负罪。从精神分析角度看，神经过敏被形容成'如同存在尚未清偿债务'的状态。"

希腊就是活生生的例子。债务带来的负罪感压在希腊所有公民的心头，欧盟委员会、中央银行、世界货币基金组织强制希腊执行各种限制性方案作为惩罚，希腊也默默接受了。希腊缩减公共服务体量，降低工资、退休金……为了偿还债务，甚至到了社会难以承受的程度。

人民觉得有债必偿是一种道德责任，保持债务始终存在相当于把人民永远置于银行的控制之下。这种情况到达极限的时候，用经济学家贝尔纳·马里、人类学家大卫·格雷博的话来说，等同于现代奴隶制度。

因为债务的基础是权力与统治。其中的机制始终如此：债务方必须还债，减轻沉重的罪恶感。在公共债务的情况下全体人民都被桎梏在债务之下：公共债务增加，传给一代又一代人，于是债务总额无穷无尽，国家生产出来的产品与财富都用来偿还债务。于是整个社会变成了"奴隶"，把劳动果实奉献给一小部分人，也就是债权方。

喜出望外

现在我们并没有还债，税收并没有用来还债，也没有用在国家花费上，因为国家正在进一步负债保证一切运行正常。我们偿还的仅仅是债务利息。这种情况不能长久维持下去。

经济学家托马斯·皮克迪（Thomas Piketty）认为，部分公共债务可以用资本税（un impôt sur le capital）偿还。这代表拥有资本的人要缴纳累进税（un impôt progressif）。

但是债务只是一种合同。和所有的合同一样，可以重新商议，减少总额（免除部分债务），甚至彻底免除债务。在历史上曾经出现过好几次免除债务的情况：或者为了避免出现不稳定的情况、保证现存的社会体系，或者为了促进社会变革。美国革命①爆发、美国诞生的部分原因就是要求英国免除债务。离我们更近的是在第二次世界大战之后，免除了德国的债务。经济学家安·佩蒂弗（Ann Pettifor）是少数预见了2008年经济危机的专家之一，在她的众多著作里呼吁国际上的知名领导人彻底免除债务，让人们"喜出望外"。

环境债务

环境债务也是让人产生负罪感的名词。这种修辞方法属于暗喻：人们怎样做才能确定"环境债务"的具体数量呢？环境债务有个缺陷：和金钱债务不同，环境债务不可逆，永远不可能迟些还债，一旦欠债就无法弥补。一个物种消失了，任何金钱都不能让它重新回来。

为了避免这种灾难发生，必须大规模投入：基础设施、科学研究、教育教学，同时应该使现有经济模式向不谋求增长经济、循环经济的方向转变。经济学家戈埃尔·吉罗（Gaël Giraud）计算过这些必不可少的生态投资，需要在十年的时间里每年投入六百亿欧元。

---

① 译者注：美国革命指的是1760年到1787年北美十三处殖民地脱离英国，创建美利坚合众国的事件。

340 　　把生产方式与消费方式转向未来的经济模式，即低碳模式，同时不增加债务，这绝对是一项挑战。另外还需要设计更加具备革新意义的资金筹措手段。公共讨论常常谈到其中很多部署问题，而且未来可能会强制执行某些规定。比如，设立金融交易税、碳排放税、特殊税收，以及国家从中央银行获得资金的可能性。

　　现在化石能源领域每年可以收到六千五百亿欧元的补助。应该停发这些后患无穷的补助了，转而引导人们使用可再生能源。所有的努力都应该有利于各国之间的协商向更好的方向发展，获得资金，帮助改善气候状况的承诺得以实现。

"看不见的革命"

社会革新

　　他们不属于某种特定的社会职业类型，不信仰某种宗教，不属于某个政治派别，也不处在某一个特定的年龄段。这些人包括有工作的成年人、没有工作的年轻人、退休的老人，几乎社会中所有相关人群都参与其中，其中高学历者、富裕阶层、女性的比例相对较高。

　　这些人中的大多数觉得由于个人的选择与信念使自己在社会中很孤立，认为他们那样的人在各自的国家中应该不会超过5%。但是他们从来没有统计过确切数字，而且实际上他们的数量要比自己想象的多得多！

　　大家第一次在美国发现了这些人，对他们跟踪调查了大约十五年之久。调查结果令人惊讶：1985年这些人占总人口的4%，2000年这一数字已经达到了26%，也就是五千万人，今天他们的人数一定更多。在欧洲和日本，估计他们占总人口的比例，情况也类似。

这些人的数量很大，因为已经占到了总人口的四分之一以上。然而，政府与媒体却并不关注他们。如果没有那次跟踪调查，公众几乎都没有听说过他们。这种淡漠真的很奇怪。

究竟谁是这五千万美国人，这些生活在各个大陆上拥有共同价值观念的人是什么人呢？现在是时候介绍一下了。社会学家保罗·H.雷（Paul H.Ray）、心理学家雪莉·安德森（Sherry Anderson）进行了那次调查，并且出版了书籍，他们为这群人起了名字：文化创造者、社会变革者，他们的想法与生活方式与周围的世界保持距离。这些人或者激烈或者安静，用各种方法摒弃世俗看待成功、金钱、消费的模式，用更加有公民担当、更加负责任的行为模式来代替现存生活模式。个人发展、健康食物、互助承诺、积极参与社会事务、使用替代疗法、给予妇女更高的地位，这些都是他们的选择。

文化创造者在日常生活中、在文化习惯中寻求其他的价值观念，自从这种思潮出现以来，就深深改变了他们对世界的看法。所有文化创造者携手并肩，可能会创造出后现代文明。社会学家雷（Ray）和心理学家安德森（Anderson）定义了什么是"文化创造者"。他们认为，在这种新思潮的推动下，已经存在了五百年的现代主义现在大概正处于通向未来的重要转折点上。

因此媒体与政客都没有发现这种现象的重要性，在一个全新体系诞生的时候就是如此。旧体系坚信自己代表了世界上正常的唯一模式，不仅不会理解新体系，也看不到新体系的出现。而文化创造者正在用或强烈或温和的方式与西方世界的生活方式分道扬镳。

分裂

人类社会的未来属于创造、发明与革新。

历史证明，社会变化从"外部"出现：正是少数派革新、发明崭新的应用，促使出现大型的历史变化。在二十世纪，继塞尔日·莫斯科维奇（Serge Moscovici）之后，社会心理学家们把这些人称作"活跃的少数派"。为什么社会产生少数派呢？这是"自然选择"的结果，甚至对于社会来说必不可少，少数派是一种社会试验。比如，十九世纪产生了当时属于少数派的社会主义者，随之创造出了社会互助保险。今天的文化创造者通过与消费社会"分裂"的方式，会在将来创造出对物品新的使用方式和新的集体生活方式。

少数派具备很强的创新能力。在群体、社会、文化中，这些少数派行为的主旨在于影响大多数人。这并不意味着社会主流必然会全盘接受少数派的做法，但是少数派的做法必然会促使社会主流重新考虑现存的问题，催生新思想，有助于发现新的解决方法。少数派的存在让社会整体更具创造力，帮助社会更加轻松地发起各种运动、适应新环境。从这种意义上说，少数派是历史的发动机："大部分社会变革都源自少数人的努力。"在社会里，多数派保证稳定，令社会更有秩序，少数派促进革新，有利于演化发展。

边缘与空白

生态运动属于少数派的运动，这就赋予这些运动更多的特殊含义，其中包括思想与行动的紧密关系。人们相信影响力来自权力核心，必须属于精英阶层，身处社会的网络中央才能具备影响力。为了变革，必须适应新形势。但是很多社会心理学家认为，真正的变革恰恰来自社会边缘与空白之处，在社会底层成长、蔓延。数字科技给予每个人行动的能力，更加强化了这一点。特殊的变革会立即传遍社会并且为众人分享。通过社交网络，为了捍卫某些事业的运动得以迅速扩展。这种"生命力"有助于集体智慧的发展，可以让革新如同花朵授粉一样传播。

少数派的运动不断浸润、影响、改变主流文化。所以环保主义在制度化之前能够进入日常生活，环保思想在变成政策之前为普通民众所接受。

的确存在"生态学方法，这种方法不是预言，不会采取极端行动，不会进行填鸭式灌输。这种方法会融化人们冰冻已久的思想，复苏人们麻木的感觉。这是良知与一个我们忽视已久世界的对话，由于习惯我们对这个世界视而不见"（塞尔日·莫斯科维奇）。生态环保主义的"原料"是常理，使"我们看见不再能够看见的东西，感觉到不再能够感到的感受"。如果生态环保主义只是躲藏在科学权威背后不走到前台，那就只能自欺欺人，越来越贫乏枯竭："少数派影响的基础动力在于，人们起初总觉得少数派的想法是天方夜谭。"人们不相信少数派，很好，让时间说明一切。终有一日，天方夜谭会变成现实的标准。当然，有时少数派的想法可能失败，但是总会留下自己的印记。

所以，要站在以上角度观察各种反对大规模建设方案的运动。比如，在法国，反对"千牛农场""朗德圣母机场""卢瓦邦中央公园"等项目，最近的抗议行动代表的是一种不同的生活方式，即反对现代的生活方式。世界各地都可以找到类似的运动：在巴西，人们反对在亚马孙河的重要支流——欣古河（rio Xingu）上建设巨型水坝；在美国，有人反对建设凯斯通 XL（Keystone XL）输油管线；在印度，有人抗议在纳尔默达河（Narmada）河谷中建设巨型水电大坝网络。

多种能力

面对这些运动，其他思潮认为凭借资本主义体系可以解决问题，市场具备革新的能力，可以产生持续、优秀的行为方式。生态学家贾德·戴蒙（Jared Diamond）就持有这种观点。戴蒙相信"大公司能够拯救地球"，并且举出沃尔玛、可口可乐、雪佛龙等美国大公司做出有社会责任担当的行为。

未来的道路充满希望，因为市场经济给出信号，表明保护环境具备经济效益。短期看来，保护环境减少消耗环境及资源；长期看来，保护环境可以降低污染程度，使用可再生的资源，企业都可以从中获利。除此之外，企业还明白自己可以从环保活动中赚取"优秀的企业形象"，减少员工、消费者、公众对企业的批评。当前世界各国尽管不同程度地接受了严格程度不一的环保标准，但是请各个国家从经济收益角度上考虑问题，这样各国更容易接受严格的环保标准，适应新的需要。追求高效率，用最少的资源求得最大的产出，是资本主义经济从古至今始终如一的需要。不过，人们使用的原料与能源在不断增长。这些企业是造成生态危机的主要责任者，我们真的能够指望这些公司带领人类走出生态危机吗？

但是利己的目的并不是社会活力的唯一源泉。"朱卡德革命"（révolution Jugaad）源自印度，意思是"处理应付各种情况"。朱卡德革命大获成功，而且启发了硅谷与大型跨国企业。这是一种思想状态。在任何地方用最简陋的条件开发出最佳理念。举例来说，在印度阿萨姆邦的一位居民每天骑自行车驶过坑坑洼洼的路面上班，这位居民把劣质转化成优势：他给自行车加装了一套精密的系统，把自行车在凹凸不平路面上碰撞产生的能量转化成前进的动力，推动自行车行驶！可见很多限制反而可以成为创新的源泉。

"朱卡德革命"、英国的托特尼斯（Totnes）实验、创客（maker）与骇客（hacker）这种新型"匠人"的运动让工作、生产模式、整体的生活方式产生变革。各种各样的方法寻找出路，最终把这些探索变为现实。

　　人类社会的未来同生物演化一样，属于创造、发明与革新。公民社会中的创造力涌现出来，通过创造力探索未来，找到合适的发展方式。有时，这些发展方式可能只适用于某些地区而不能全面推广。无论怎样，塞尔日·莫斯科维奇（Serge Moscovici）的这段话值得深思："我们的主要目标不是攫取权力。人们往往以为掌握权力才可以改变社会、改变人。而我认为这种想法大错特错。当社会与人发生改变之后，掌握权力的政治世界自然会紧紧跟随。"

感谢

我们尤其感谢所有的同事与朋友，感谢自从2014年春季开始支持这个项目的所有人。感谢尼古拉·于洛基金会的团队给了我们宝贵的意见与建议。感谢让-雅克·布朗雄（Jean-Jacques Blanchon）、多米尼克·布格（Dominique Bourg），与他们交流后取得了丰硕成果，以及他们的鼓励对本书成书有莫大的帮助。还要衷心感谢奥利维耶·普瓦福尔·达尔沃尔（Olivier Poivre d'Arvor）从项目开始至今给予我们的充分信任。

绿色发展通识丛书 · 书目

GENERAL BOOKS OF GREEN DEVELOPMENT